# 标准体系的结构关系研究

王玉杰　主　编

滕静东　侯春敏　副主编

吉林大学出版社

·长春·

图书在版编目（ＣＩＰ）数据

标准体系的结构关系研究 / 王玉杰主编 . -- 长春：
吉林大学出版社 , 2021.7
ISBN 978-7-5692-8680-9

Ⅰ . ①标… Ⅱ . ①王… Ⅲ . ①标准体系—研究—世界
Ⅳ . ① G307

中国版本图书馆 CIP 数据核字 (2021) 第 171934 号

书　　名　标准体系的结构关系研究
　　　　　BIAOZHUN TIXI DE JIEGOU GUANXI YANJIU

作　　者　王玉杰　主编
策划编辑　王　蕾
责任编辑　王　蕾
责任校对　杨　平
装帧设计　孟　博
出版发行　吉林大学出版社
社　　址　长春市人民大街 4059 号
邮政编码　130021
发行电话　0431-89580028/29/21
网　　址　http://www.jlup.com.cn
电子邮箱　jdcbs@jlu.edu.cn
印　　刷　长春市昌信电脑图文制作有限公司
开　　本　787mm×1092mm　　　　　1/16
印　　张　8.75
字　　数　125 千字
版　　次　2022 年 7 月第 1 版
印　　次　2022 年 7 月第 1 次
书　　号　ISBN 978-7-5692-8680-9
定　　价　42.00 元

王玉杰　主　编

滕静东　侯春敏　副主编

## 编委会成员：

# 前 言

　　标准体系、标准化研究和标准化战略等一系列问题是同时具有理论与实践特性的。经济全球化的日益深入已经将标准化问题推到了国际竞争的前沿，标准体系的建立、标准化工作的展开和标准化战略的实施已经成为各国技术性贸易措施的重要依据。进入21世纪以来，科技进步日新月异，世界范围内的标准之争日益激烈。面对这种局面，我国的标准化研究必须要与时俱进，不断满足新的需求和要求。

　　在我国进行创新型国家建设的过程中，更高水平的、更具竞争力的标准是必不可少的。符合社会主义市场经济体制要求和需求的标准能够加强我国新型工业化道路的转型、对外贸易发展的推动，以及新型消费价值观形成的促进。鉴于此，针对标准和标准体系进行深入研究是具有重要的理论意义和实践意义的，对标准化战略的理论和实践问题进行研究也显得十分迫切。

　　本书在学习和借鉴了国内外已有的标准体系研究和标准化研究成果，系统地论述了标准体系的本体特征、标准体系的结构特点、标准体系的构建机制和标准化工作的展开基础以及从国家宏观层面阐述了标准化战略的重要作用。通过对国际上其他地区和国家标准化战略的比较，分析了不同国家和地区标准体系及标准化战略的共性和个性。并在这一过程中就我国标准化的建设情况进行归纳总结，以此为基础找到与世界标准化建设较为成熟的国家之间存在的差距和产生这些差距的原因，并进一步明确了我国特色化的标准化战略发展目标和有效改进的措施。

　　本书共分为七个部分。

　　第一章对标准体系的定义做出了详细的解释，从结构和特征两个方面对标准体系的本体特征进行了详细说明。

　　第二章对标准体系的结构和应用范围进行了说明。

第三章对标准体系的内部结构和不同角度的分类进行了解释，详细说明了从不同的角度以不同的方法如何对标准进行合理的分类。

　　第四章对标准体系的构建流程做出了说明。介绍了标准体系表的编制格式和要求，并通过举例对标准化工作的宣传策略进行了分析。

　　第五章介绍了世界上发达国家和地区的标准体系特点和标准化战略，并在对比中指出了中国目前的标准体系和标准化战略所面临的问题。

　　第六章分析了当前国际标准化发展形势，并阐述了中国标准化工作的重点和中国标准化战略的实施。

　　第七章回顾了中华人民共和国成立以来我国标准化法治建设历程，并对我国标准化法治建设成就和标准化法治建设的认知进行了总结。

　　在本书的编撰过程中，标准体系关系部分的编写得到了各有关单位及同事的大力支持，同时，标准化法治建设部分的编写得到了四川大学法学院滕力嘉同志的帮助。在此，一并感谢。

作　者
2020 年 12 月 10 日

# ─ 目 录 ───────

# 第一章

# 标准体系的认识

随着科技发展的日新月异，我国的经济发展水平和市场化程度也在不断地提高。在生产规模增大、市场竞争加剧和社会化程度增高的大背景下，技术要求的复杂程度不断提高使得生产协作的范围日益广泛。[①]在这样的大形势下，标准和标准体系的使用在保证生产生活的正常进行和其他社会领域内都显得日益重要。现代标准体系是一个复杂的有机整体，它涉及社会生活的各个方面和各个领域。作为衡量管理水平、生产流程以及产品质量等方面是否合格的重要依据，仅有独立的标准是不够的，只有建立起与标准相对应的标准体系，才能确保标准化工作的顺利开展。换言之，建立产品标准体系的同时，还应建立符合该产品标准要求的生产技术标准、符合生产流程要求的管理标准以及符合产品质量要求的工作标准。如果想要通过高质量的产品来抵消成本的消耗，以此来获得最好的经济效益，就必须建立与本组织相符的、科学严谨的标准体系。

在现代化的社会生产体系中，产品质量标准已经成为经济生产中必要的技术环节。在我国治理体系中，标准化制度已经成为基础的、必要的制度，并体现国家的治理体系和治理能力的制度。特别是在当下我国经济水平和治理能力都有大幅度提高的大背景下，标准的作用已经日益凸显出来，社会各界对标准化工作的重视程度也有了显著的提高。《中华人民共和国标准化法》的颁布实施为我国社会各界标准的制定、标准体系的创建和发展提供了更为切实的依据，我国的标准化事业也适逢其时地遇到了一个绝佳的契机。

在现代社会中，不论是质量安全，还是产业升级，或者是外贸交易等多方面的生产经济活动中，标准体系起到了格外重要的作用。但是，就我国当前的经济发展体制、经济社会发展的水平和国际经济交易等领域的建设情况来说，我国现有的标准体系和标准管理体制由于社会经济的迅猛发展，所以现有的标准化工作在开始实施了一段时间后，很快便形成了成熟的方案和规划。

《中华人民共和国标准化法》中的"一定范围"指的是标准体系的工作覆盖范围。比如地方标准体系的覆盖范围就是整个省、自治区或是直辖市范围。"内在联系"就是标准体系内部的上层和下层之间

---

① 钟海见. 从市场经济角度看标准化工作的重要性[J]. 中国质量技术监督, 2011.

的关系，是因为个体特征与群体共同特征之间具有一定的关联性。这种联系是要求标准体系中上下层次之间的协调与衔接。[①]"科学的有机整体"是指标准体系的建立是为了实现特定目的而形成的有机整体，而不是标准单元的简单堆叠。标准体系内部的标准单元都是根据一定的内在联系和基本要素集中在一起的。

## 第一节 标准体系的定义

### 一、标准体系的概念

标准体系是整个国家的经济结构、政治体制、生产社会化程度、资源状态以及科技水平的综合反映，它是人们对客观规律认知的体现，也是人们发展意愿的体现，因此标准体系是特定时期内的人造系统。就像企业在生产一种产品时需要经过设计、制造、上市等各个阶段，并辅以一系列的管理活动的过程一样，所有的计算、制图、产品技术要点和参数的确定以及原材料的选择、工艺的装备再到存储、运输这种种工作的过程都是相互联系、相互制约、相互影响的。以它们为对象所建立的标准体系也必然具有相同的联系和制约属性。这种情况下，这些企业内部的标准体系，是企业生产与经营活动中十分重要的、独立完成的体系内容。因此，尽管为人为设计产生的标准体系，却是非定量的、客观的管理学产物。企业内部的标准体系重点在于自身的发展过程中体现出来的客观联系，标准化体系只不过是通过"人造"的形式将这些客观联系反映出来。

在谈论标准体系的概念时，要特别注意区分标准和标准体系这两个概念。标准是组成标准体系的基本构成，是标准体系框架内构成有机关系的基本单元，标准体系的存在是为了解决系统问题，而作为单元的标准解决的则是个体问题。标准和标准体系二者之间是相辅相成的关系，缺少任何一方，另一方都无法正常运行。系统的稳定来源于个体的支撑，而个体也只有在一个有机的系统环境中才能最大限度地发挥作用。由此可见，对于二者概念的内涵与外延要做出明确的区分和认知，不可混淆概念，更不宜撇开一个空谈另一个。

①封春荣. 标准化法律制度若干问题思考[J]. 质量与标准化, 2015.

## 二、标准体系的类别

根据标准化工作的不同阶段以及标准化工作过程中所体现出的整体水平，标准化体系划分的有关内容如下。

### （一）创建型标准体系

作为创建型的企业在其行业内部发展时期，首先要做的事情就是建设具有个性化的、创新的标准体系。这项工作是全新的标准化体系建设的基础。它是在相关的政策法规体系框架下，对国际标准、国家标准、地方标准、团体标准和行业标准进行整理和分析，通过这些对比分析的工作为当下进行的创建型标准体系寻找准确的定位，并根据标准化对象的需求和目的制订出切实可行的发展目标。企业创建新的标准体系，并不是一蹴而就的，是必须要通过漫长的磨炼和不断的创新才能够实现的。[①]

### （二）提高型标准体系

标准体系的创建主体已经针对相关内容创建过一些标准体系，原有标准体系已经运行了一段时间，提高型标准体系就是在这个基础上进行修改、补充原标准体系内的相关文件，以提高标准体系的完善程度和解决问题的能力。提高型标准体系是在标准体系的运行过程中对相关标准的修订意见和建议进行整理和分析，结合前期标准化工作的实施效果反馈，在必要时少量引入相关领域的最新标准。提高型标准体系是一种成熟期的标准体系，体系内的各项标准制订基本已经完成，相关的数据信息也是比较稳定的。

### （三）完备型标准体系

标准体系的创建主体为了提高标准体系在标准化工作中的实施效果和应用质量，在标准体系的持续修订和完善过程中对现有标准化体系进行优化和深化，以提升标准体系的先进性和全面性。完备型标准体系分析和整理了标准化工作过程中对于实施标准的反馈问题，并参照国际标准、国内先进标准和有关修改意见对体系内的标准单元进行修订，以使标准化工作的发展目标得到进一步的明确。完备型标准体

---

① 郝蔚. 广播电视监测监管标准体系框架构建实践[J]. 广播电视信息，2017.

系的标准体系表一般按照PDCA（又称戴明环）循环过程对部分公共标准进行更替，以达到进一步提高标准体系的整体水平的目的。

### （四）标准体系的对象

在制定标准体系时，必须要根据制定的主要目的来确定标准体系研究的对象，具体要考虑目标对象和支持对象。

所谓的目标对象，就是要应用标准体系进行标准化工作的行业、企业、专业以及产品等，比如服务行业标准体系、施工标准体系、高速集团标准体系、重型机械标准体系、电力变压器标准体系等等。标准体系的支持对象，指的是标准体系中的标准项目的级别，如国际标准、国家标准、行业标准、地方标准等公共标准以及一些企业标准和团体标准等私有标准。标准体系的构建既要研究分析标准体系目标对象的标准化需求，同时也要充分分析和考虑采用哪些标准项目来支持目标对象的标准化，只有这样才能合理地将标准化工作限定在一个合理的工作范围内，并通过标准体系本身的结构和优势来保障标准化工作的有效进行。

### （五）不同标准分类法的组成

不同标准分类法有不同的组成和特点，对这些组成和异同进行全面的把握有利于进行标准体系的架构设计，并为标准体系明细表的编制提供了有效的支撑。按照制定标准的宗旨，标准体系可以分成公共标准和私有标准两类；按照制定标准的主体，标准体系可以分为国际标准、国家标准、行业标准、地方标准和团体标准几类；按照标准化对象的基本属性，标准体系可以分为技术标准和管理标准；按照约束力强度，标准体系可以分为强制性标准和推荐性标准两种；按照信息载体的不同，标准体系可以分为标准文件和标准物质；按照要求的不同程度，标准体系可以分为规范、规程和指南。[①]

### 三、标准化的作用

所谓的标准化工作内容具体包括标准的制定、实施和监管的活动。因为使用标准进行管理的范围较广，所以其能够发挥的作用也不尽相

---

①丁婧. 功能层面的教育信息化评价标准研究[D]. 中国博士学位论文全文数据库，2011.

同。比如，在保障人民生命健康、安全和人类环境保护等方面，标准化工作是确定其活动操作水平和质量的最低标准，多为强制性标准。这些领域的标准化工作的实施情况决定了人民群众的切身利益，因此在安全、健康、环保等公共利益方面，标准化为相关工作画了一条底线。

标准化不仅能够推动科研成果的转化和培育，还能有效促进其成果转化的具体应用价值。传统的生产活动往往是产品先于标准出现，并以此来规范企业的生产和行业的发展。当标准化发展到一定水平时，标准与技术往往会表现出与产品同时出现和发展的趋势，甚至部分标准还会超越企业生产。在实施创新生产时，创业者应该将生产经营标准与创新能力相结合，更加有效地推动标准化的发展，形成企业发展的优势。

标准化对于社会的进步和发展也起到了促进作用。标准是进行管理工作的最主要的、最客观的方法。它已经成为当今世界各国简政革弊、施公平之策的重要工具。由此可见，标准化在促进社会发展、社会治理和公共关系等方面做出了巨大的贡献。不仅如此，标准化还是我国进行对外贸易新政策之后的最新政策。当我们进行"走出去"的战略时，要保证产品的质量符合国家标准，并能够符合原有国家的产品要求。

# 第二节 标准体系的结构

标准体系的建设成果，也就是主要表现形式，包括标准体系结构和标准体系表，标准体系结构一般以框图的形式表现出来，相当于整个标准体系的骨架。因此，标准体系结构的设计就显得非常重要，成为整个标准体系建设的核心。如果标准体系结构的搭建缺乏具有普遍意义的规律、原理和方法，将使得后续标准化工作的进行和质量受到非常大的制约。

## 一、标准体系结构的内涵

标准体系是在一定范围内运行的标准，按照特有的内在联系形成的有机整体，它存在的目的就是为了实现特定范围内的标准化服务目标。比如根据标准体系涉及的范围和达成的目标的不同，可以建立如全国的、行业的、企业的、产品的等多种不同规格的标准体系。标准体系结构是将标准相互联系起来的纽带，在这条纽带的作用下，标准体系才能成为一个有机整体，因此可以说标准体系结构就是标准体系框架中各个要素的内在联系形式。

标准体系结构的实体化特征表现为标准体系框架结构，这个框架可以以层次结构的形式表现出来，也可以以序列结构的形式表现出来。标准是标准体系的必要条件，但并不是构成标准体系的全部条件，只将一条条的标准罗列起来是不能形成标准体系的，只有确立了标准体系结构才能使标准体系具有特定的功能，并产生特定的效应。

## 二、标准体系结构的设计

### （一）标准体系结构的设计要素

标准体系结构的设计包括设计目标、设计依据以及设计原则三个方面。

### 1. 设计目标

设计标准化体系的目的决定了标准化体系所涉及的范围和形成的结构。在不同目标下，所形成标准体系结构会出现较为明显的差异，因此在设计标准体系结构的目标时，一定要明确标准化对象的实际需求和发展目标，要根据建立标准体系的真实需求来明确设计标准体系的目标。[①]

### 2. 设计依据

一般来讲，设计依据指的是标准体系结构设计的理论基础，以及其他各类可以作为依据的具有指导性的相关条例。通常来讲，标准体系结构的设计依据要包括如《中华人民共和国标准化法》《中华人民共和国标准化管理条例》等一系列的法律法规和规章制度，相关行业的发展计划和行动方案等具有普遍意义和指导意义的文件等。在设计标准体系结构时，还可以参考不同级别的标准所要求的和规定的标准体系设计的任务书、合同等一系列具有法律效力的文件。此外还要具

---

①李国强，湛希，徐启.标准体系结构设计模型研究[J].中国标准化，2018.

备主管政府部门或机构的指导思想和具体要求细则。

3. 设计原则

在设计标准体系时，除了要满足设计依据的要求之外，我们还应该充分考虑到设计原则的要求。所谓的原则就是完成某一活动的行为准绳。所以，在设计标准结构时，应该遵循系统性、完整性、先进性、协调性和适用性等方面做出的限定。系统性要求标准体系中的每项标准在结构中都能被安排在恰当的位置；完整性指需要制定成标准的各种重复性事物和概念要得到充分的分析，使一定范围内的标准做到最大限度的全面；先进性原则是要求所设计的标准体系不仅满足标准体系的发展现状的要求，还应符合行业未来发展变化的趋势特点；协调性原则是要求所设计的标准体系必须能够与体系内部和外部所设计的行业、专业、门类之间协调一致；适应性是指标准化体系结构要能够适应标准化对象的任务、特点和目标。

（二）标准体系需求和适应范围

标准体系应该以标准化服务对象的发展方向和建设任务为基础，提炼出标准化对象对标准体系提出的要求和需求。因为标准化对象的差异，其所提出的需求也不尽相同，在进行标准体系设计时，我们就必须要能够确定标准体系服务的对象。这是标准体系设计的基础。然后，要通过对相关资料的搜集、整理和分析，对用户、对标准化对象的需求以及可能达到的技术水平有了清晰的了解，并详细研究标准化对象所处的行业领域的发展趋势和标准体系建立所需的保障资源条件。最后，要最终确定标准化对象所需要的发展目标，并将总目标详细分解到标准体系结构的不同层次和不同专业，具体的目标要实现量化，如果是结构复杂、涉及专业比较多的复杂的标准系统，这种情况标准化目标很难实现量化，那么就需要在特定时期内的任务需求和发展目标上提出标准化的目标方向。

我国标准化实践发展到现在，各个领域内都已经形成了一定的标准化基础，因此，目前的标准化体系的设计都是在一定基础上展开的，从零开始的建设是不现实的。那么在建设新的标准体系时，一定要分析原有的标准体系的建设现状和使用条件。一般来讲，应该全面了解和掌握原有的标准体系的设计初衷、涉及项目、内容结构和具体的编制情况，分析标准化对象目标之间的差别，并根据分析结构做出适用性分析和调整改进的建议。

### （三）标准体系结构的构建

#### 1. 构建方法

基于系统工程理论的要求和方法，构建标准体系的常用方法有标准化系统工程六维模型、工作分解结构、平行分解法、属种分类法、过程划分法、分类法等。建立标准体系的基本框架往往是依据标准化对象的特点展开的，将工作分解结构、属性划分法、过程划分法、平行分解法以及各种传统设计方法有效结合起来。一般情况下，我们往往选择平行分解法和工作分解结构法来设计标准体系的顶层结构；用工作分解结构、属种划分法、过程划分法、平行分解法和分类法进行标准体系的具体细节设计工作；用标准化系统工程六维模型设计标准体系内部标准项目。[①]

#### 2. 标准体系结构的构建

通常情况下，构建维度、构建模式、构建层级、标准级别和标准类别等都是标准体系结构构建所包含的内容。具体来说，构建维度就是构建方式的体现，如技术指标维度、时间周期维度、产品类别维度、业务领域维度等都是标准体系构建一般选择的几个维度。所谓的技术指标就是像部分装备的声光电特性等系统或产品所要达到的通用技术指标；从装备的具体设计、研发、确定型号、具体应用、直到淘汰后所涉及的工作运行阶段组成了系统或产品的全部生命周期，就是时间周期维度；产品类别维度指的是标准化对象包含的产品不同种类的细分维度，如武器装备这一标准化对象目标下就可以划分为飞机、导弹、舰船、航天、电子、武器、车辆、后勤、特种装备等九大系统；不同的系统或行业所相关的业务项目就是业务领域维度，比如一个标准体系的专业领域可以包括项目管理、产品保证、工程和可持续四个方向。

构建模式分为自上而下、自下而上和两者结合的模式。自上而下就是将顶层设计目标逐一分解，自下而上是对每一个标准项目的实际建设情况进行分析，这两种方式的结合可以有效地避免只使用一种构

---

①李国强，湛希，徐启. 标准体系结构设计模型研究[J]. 中国标准化，2018.

建模式时可能出现的因考虑不全而导致漏洞的问题。构建层级反映的是标准体系内部结构中层次与层次之间的递进关系，它的表现形式与标准化对象的复杂程度以及工作分解结构的层次都有着密切的关系。通常情况下，标准体系层级多为树状结构，要求其除了总目标之外至少有两个层级，并且在同一个层级中应该包含并列的多种项目，且包含相邻的下一个层级中的项目。树形结构的好处是能够有效地避免体系中出现交叉的、重叠的项目。标准的级别与其所属的级别之间是存在直接关联性的。一般来说，根据标准体系的适用内容来选择纳入标准体系中的具体项目的级别。在确定标准类别时，则必须符合标准化对象的需求，也影响到构建标准体系结构的具体方法。

## 第三节 标准体系的特征

标准体系对于促进技术进步、提升管理水平以及提高产品和服务的质量与档次都有着非常重要的意义，清楚地认知标准体系的特征对于增强市场竞争力也有着积极的推动作用。虽然企业产品、经营规模、运作过程、管理层次以及信息化建设要求有所不同，但是标准体系依然会有一些共性的特征，这些特征大体上可以分为以下五种。

### 一、标准体系的目的性

标准体系的构建都是紧紧围绕标准化目标而进行的，与标准化目标的产品特性、管理和运营特点都有密切的关系，标准化体系的策划、构建、编制以及不断完善的一系列过程都体现出了较为明确的目的性特征。

海尔集团标准化改革初期，首先就明确了提升海尔产品质量和海尔品牌的国际竞争力作为标准体系构建的目标；在该目标的指引下，海尔集团参考了国际先进的行业标准，并以高于该标准的要求完成了自身标准体系的构建。符合集团建设目标的标准体系能够有效地促进企业的生产与经营的更高要求的发展。在这样的良性背景下，海尔集团在开拓国际市场方面取得了非常大的成功。当然海尔集团的标准体系之所以发挥了重要作用，并不是因为他们照搬了其他现成的标准体系，而是在借鉴国内外先进标准的同时消化吸收了先进的东西，使标准体系切实地服务于目标，而不仅仅只是一个漂亮的摆设。

## 二、标准体系的集成性

通常情况下，标准体系多是为不同的多个子体系组合而成的，而具体子体系又是由不同的多个具体的标准项目集合而成的。这些子体系或者具体标准项目，彼此是相互影响、相互制约的，进而形成了一个有机的完整的一体。这也充分说明了标准体系是一个集合体，具有明显的集成性。比如，技术标准体系、管理标准体系和工作标准体系是三个彼此影响的子体系，并一同组成了一个企业的标准体系。当这个企业的生产规模不断发展壮大的同时，其生产水平和管理程度也相应提高。这就是标准体系的集成性发挥的作用，也是任何一个单一的、独立的标准体系无法实现的效果。[①]举例来说，企业的技术体系就集成了技术基础标准、设计技术标准、产品标准等17类标准，这些标准通过相互之间的联系构成了一个有机的整体，在各类标准的协同作用下，作为整体的标准体系才能够发挥最大的效用。虽然集成性特征是标准体系的必备特征，但是在构建标准体系时应特别注意避免追求体系的复杂和宏大，因为标准项目过多会导致主次不分、重点不明的实际问题。

## 三、标准体系的层次性

标准体系结构内的各项标准都是按照一定的层次结构分布组合的。鉴于标准体系所对应的标准化对象不同，其发挥的功能也不尽相同，进而不同标准之间的关系也存在差异。所以，在同一标准体系中的所有标准项目是存在上下层之间的关系的。下层标准是支撑上层标准的，而上层标准则对下层标准发挥了指导作用，并在一定程度上也制约了下层标准的发展。这就是标准体系的层次性的体现。比如，在某一企业的标准体系中，既有一些相类似的标准项目，也有一些制约其他标准的标准项目。后者往往是这个企业标准体系中层次较高的，在分层上是高于其他标准的。标准体系中的每一个标准项目都应该有一个符合自身适用范围的层次位置。这样的标准体系是层次分明的、形象具体的标准体系，这也是标准体系层次性的体现。

---

① 张惠锋. 工业化建筑标准特征分析及标准体系初探[J]. 工程建设标准化，2016.

### 四、标准体系的动态性特征

标准体系服务于目标对象的总方针目标，但是随着社会政治、经济环境的变化，标准对象也会随着发展变化、科技进步或者生产水平以及管理水平的提升，也会对标准化工作提出新的要求。所以，对于动态的管理标准化体系就显得非常重要。比如说定期对标准体系进行验审并适时做出修改、修订或维护，对不适应新形势、新环境的那些标准进行淘汰，并及时补充新的标准。对标准体系在运行过程中暴露出来的问题进行及时调整和完善，让标准体系能够得到持续的改进，以使标准体系始终处于最佳工作状态，这样才能保证其有效性，从而更好地满足目标对象的发展和需要。

### 五、标准体系的价值特征

标准体系具有非常明显的价值特征。

首先，标准体系的价值体现在对于知识的系统表现上。不难发现，所有的标准都包含了无限的、集体的智慧，是某一行业所有专业知识凝练而成的精华。在一套标准体系中，是一系列的互为影响、引用、配套的标准组成的。以技术标准体系为例，就包含了设计标准、工艺标准、试验标准、材料标准、工装标准、设备标准、零部件标准等涉及若干不同专业范畴的标准。目前，仅有很少的、零散的、不相配套的标准构成了部分专业技术指标群，而非真正的标准体系。由此可见，标准体系所包含的内容必须是系统性的知识，而知识的系统性也是标准体系的重要的价值特征之一。[①]

其次，表现在内容的成熟性上，标准的内容大多来自科研和生产实践，是提炼、整理了无数工作环节，并且经过多次实践验证后才成为标准内容的。没有达到一定成熟度的技术和产品是不能被定为标准的。由此可见，只有技术非常成熟且可用性较强的标准才会被明确下来。另外，从工程化的角度分析，技术的工程化程度与成熟度存在正向关系。标准技术的工程化程度较高，则其成熟度就相应表现出比较高的水平。

---

① 麦绿波. 标准体系的内涵和价值特性[J]. 国防技术基础，2010.

标准体系的价值还在动态优化性能上有所体现。标准并不是一成不变的，是要随着行业和技术的发展而不断通过增减、补充、改进等方式实现逐渐完善的状态。所以，我们可以确定在标准内容方面是保持较强的时效特性的。一般完善一个标准的时间是以周期性突变的方式呈现的，而不是逐渐表现出来的。通常情况下，我们规定复审标准的时间是五年一个周期。这样的处理可以有效地保障标准的稳定状态。可想而知，在标准体系中，很多每年都会出现符合"复审"条件的标准，并且的确需要修订。由此可见，标准拥有问题的复审周期，是一种相对"稳定"的状态，但是其所在的标准体系却每年都有新的变化，表现出明显的"动态"性。对于标准体系而言，这种变化还是在不断优化和完善的。

第四，标准体系的价值同时还表现在发展指导性上。标准体系的设计是强调以标准的贯彻和发展实现其顶层设计的，是属于某一领域内标准发展的未来规划。这是标准体系对该领域的技术发展起到了一定的指导作用。简而言之，有了标准体系的行业总会以这套标准为生产设计的依据和参考。另外，因为标准的存在，才需要进行定期复审，才会为每年的标准修订和修改工作提供依据与参考。由于制定标准体系的利益各方对标准信息的掌握是对称的，因此标准的制定在强调公平和透明的同时，还要强调协商一致，要将利益相关方的共同需求体现出来，既要得到技术和产品提供方的认同，又要得到消费方的认同，这样的多方认同使得标准具有很好的公认性和公平性。此外，标准还可以通过在市场上购买的方式获得，这也是标准体系市场公认性的一种体现。

# 第二章

## 标准体系的分类以及应用

# 第一节 标准体系的分类

## 一、标准体系的分类

为各种正在被广泛应用的或者是未来需要的标准体系进行全面细致的分类，对于丰富标准体系理论和引导多种需求的标准体系快速健康地发展有着非常重要的意义。标准体系的分类，可以按照层级属性、专业属性、成分属性、标准属性、用途属性、构建属性等方面进行划分，下面我们将逐一进行解释说明。

（一）按照层级属性分类

作为标准体系的构建者，其主管方也同样负责针对该体系的管理和维护工作。在标准体系的内部结构中，主管方需要对不同层级实施针对性的管理。正因为这种差异性的管理存在，使标准体系不同层级之间出现了层级关系。所以，根据这种层级的特殊性，可以将标准体系进行分类。当前从这一视角可以将标准体系分为国际标准体系、国家标准体系、行业标准体系、地方标准体系、联盟标准体系、企业标准体系等不同的类别。由这些类别不难看出，这些根据层级划分的标准体系也对应着其所适用的范围。[①]

（二）按照专业属性分类

所有的标准体系都对应着在具体某一个专业内实施并使用。换言之，每一个标准体系所对应的专业就代表这一标准体系所涉及的知识范围和具体应用的行业范畴。这里的专业领域范畴是指标准体系与专业的关系。值得注意的是，在一个专业范畴内部，还拥有许多分支的子专业。所以，从范畴角度来看，我们常常将标准体系又进一步细分为服务业标准体系、工业标准体系、建筑标准体系、农牧林业标准体系、军队标准体系、社会管理标准体系、国防标准体系等等。但是上述各个领域都涉及极为庞大且复杂的内容，因此很难按照领域来构建出一个复杂又有效的标准体系，所以在建立标准体系时一般不会按照领域属性建立，而是按照领域内的下级专业来建立。比如说工业标准体系可以按照专业分为机械工业标准体系、冶金工业标准体系、电力

---

①麦绿波. 标准体系的分类及应用[J]. 标准科学，2013.

工业标准体系等，在这些专业下面，还可以继续进行专业细分。

（三）按照用途属性分类

标准体系建立的最终目的就是为了应用到实际工作中去。这就意味着每个标准体系都应该是"有用的"，这就使其具备了用途性。根据用途属性，可以将标准体系划分为制定型标准体系、实施型标准体系和制定实施型标准体系三种。

所谓的制定型标准体系就是为了对行业进行有效的监管而规划制定的标准体系。所以，构建标准体系的主体往往是该标准制定的主管机构。国家标准管理部门和行业标准管理部门都属于标准制定的管理机构。标准体系中的标准项目多是由本标准体系的主管部门颁布的标准组成的。不同于制定型标准体系，所谓的实施型标准体系是强调该标准体系要在某些具体的项目中使用的。这类标准体系多为一些工作周期有限的研发项目、工程等所构建。这类标准体系的出现能够有效地保证这些项目的质量和技术水准，并能够有效地解决成本，提高效率。一般情况下，这类标准往往不只是含有一个颁布部门的标准。在这类标准的制定过程中，多数以实施标准体系的现有体系和缺少项目为依据制定的。只有较大的工程项目或者需要很长时间进行研究制造的项目才会制定这类项目。

在某种程度上，所制定的标准体系是一种新的标准，而这一新的标准要尽可能地利用现有的标准，并且要有效地避免重复性的浪费。标准项目的复杂程度越高，其所需要的技术与管理的对标准的规范和协调程度的依赖性就越高。实施性标准体系中的具体标准往往是来自不同颁布部门。[①]现行标准是实施型标准体系的主体，制定实施型标准体系中的需制定标准和现行标准数量和地位都不相伯仲，但是为需要制定标准项目而做专门的标准制定规划表还是非常有必要的。

（四）按照标准属性分类

每一个带有标准类别的标准单元都带有着属性特质，标准体系也具有这一个特性。按照这种属性关系，标准体系可以分为技术标准体系、管理标准体系、工作标准体系、综合标准体系四个类别。技术标

---

① 麦绿波. 标准体系的结构关系研究[J]. 中国标准化，2011.

准体系的建立是为了解决技术工作需要，其建立主体主要是科技型企业以及主管科技的政府部门；管理体系的建立主体基本是政府行政管理部门、大集团总部和大型现代企业等；工业标准体系多是政府部门和大集团以及大型企业建立的；综合标准体系的建立主体基本都是企业。

（五）按照组分属性分类

标准和标准所关联的一系列法律法规共同组成了标准体系。为了能够更加系统而全面地展现标准体系的内容，也为了更加顺利地实施指定标准或现有的标准体系，我们往往按照标准体系的组分属性进行标准分类。标准体系因为组分属性的差异而分成了纯标准型标准体系和混合型标准体系。前者是由标准项目组成的体系，其组成单元既可以是制定标准，也可以是现行标准，还可以同时包含上述两种标准，但是绝对不能是其他组分属性的内容；后者则可以由标准单元和相关法规等单元共同组成，但是依然以标准单元为标准体系的主体，相关法规单元加入的目的是为了给标准体系中的标准在制定和实施过程中提供上层依据。例如环保、健康、卫生、食品、安全等行业比较适合采用混合型标准体系。

（六）按照构建属性分类

标准体系的构建不只是按照一种固定的模式进行的，而是因为性质和标准化目的的差异形成了截然不同的构建属性，继而体现了标准体系的成长模式的独特性。根据构建属性的不同，标准体系可以分为逐步成长式标准体系和一次成型式标准体系。前一种体系在构建的初期要首先形成体系分类的基本框架，明确规划标准项目和近期的需求，并将构建重心偏重于标准项目上。因为这类标准体系是在构建的过程中不断增加标准项目单位的，导致其分类框架也在不断地变化和完善，所以，这种构建模式的关注点绝对不是可落实的项目。正因如此，其并不用于做太具有前瞻性和长远性的标准项目发展规划，反而非常适合制定型标准体系。后一种体系在构建时会一次性完成比较全面、完整的标准体系分类框架，将标准体系中的绝大部分标准项目都规划出来，在以后的运行中只对必须调整的标准项目进行小的完善和补充即可。由此可见，这种标准体系对应的是实施型标准体系。

# 第二节 标准体系的特点和类型空间

因为包含的标准项目多少有差异、大小的不同，我们很难去界定一个标准体系的大小程度。可是，独木不成林，无论如何，我们都非常清楚标准体系不可能只包含一个标准单元。因此，大部分学者认为在一个标准体系中应该存在一定数量的具有分类关系的标准集合。换言之，一个标准体系可以包含其他至少一个以上的标准体系，规模较大的标准体系则可以包含多个子标准体系。在这样的标准体系中，标准项目可以横纵向多角度混合，其相互关系也表现出相对性。所以，所谓的属性分类在一个标准体系中仅仅能够做到考虑对应占有主导地位的标准属性而已，而不代表这个标准体系中的所有标准都是同一属性的。[①]标准体系的属性分类可以是同一体系所具有的不同属性关系，也就是说，每一个标准体系都可以同时拥有这些属性，我们可以将这些属性看成是标准体系的维度关系。前面已经说过标准体系的六个属性，分别是层级属性、专业属性、用途属性、标准属性、组分属性和构建属性，按照这六种属性，也就是六种维度关系来定位，就形成了一个六维标准体系空间，如图2.1。

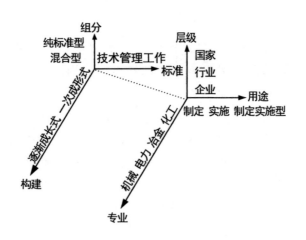

图2.1 六维标准体系空间图

---

① 麦绿波. 标准体系的分类及应用[J]. 标准科学, 2013.

这个标准体系的六维空间可以用两个三维空间组合来表示，也可以用表格关系来表示，在上面的图形中，第一个三维空间的任意一点，可以落在第二个三维空间的任意一点，由此形成了标准体系的自由六维表达关系。

## 第三节 标准体系的应用

### 一、标准体系的应用范围

虽然标准体系的属性与标准体系的应用有一定的关系，但是标准体系的用途与标准的用途是不相同的，标准体系主要应用于下述几个方面。

（一）用来规划需要制定和应该贯彻实施的标准项目，为该项目的标准制定和实施工作提供总体指导；

（二）为标准资源库的建设提供标准检索分类关系和标准资源内容；

（三）给出技术或业务的重点控制和约束的脉络关系。

众所周知，标准体系的构建者与使用者之间是具有明显的分离特性的。但是，在实际生活中仍存在两者统一的特殊情况。比如行业政府标准化主管部门作为行业标准体系的建立者，是标准体系的使用者，将行业标准体系用来规划行业标准的制定，但是它不是行业标准的使用者，行业标准的使用者主要是企业。在成熟的行业内部还存在着优秀的企业拥有着先进的技术，并将此技术标准推广，最终该标准成为行业共同认可的标准。此时，就出现了标准最初的构建者和目前的使用者是同一个对象，也就是这个优秀的企业。所以，质量管理学中有"三流企业做产品、二流企业做品牌、一流企业做标准"的观点。

### 二、标准体系在法律系统的应用

中国共产党第十九次全国代表大会明确提出了全面推进依法治国的总目标是建设中国特色社会主义法治体系、建设社会主义法治国家，其后《中华人民共和国刑法》经历了第十次修正。它一方面有助于淘汰那些不合时宜的法律条款，另一方面能够提高立法质量、增强立法效益、保证刑事法律的和谐统一。

（一）什么是刑法立法后评估标准体系

正如学生时代的期末考试是对一学期学习活动的效果进行一个最终评价一样，各行各业的管理领域中，所有的行为成果都会面临评估。在"标准"领域中的评估或评价就是要以某一标准作为依据去评断某一制定的整个系统或部分系统的要素所处的结构、状态、功能以及系统产出的质量与数量是否符合原有的设定要求或者达到预期目标的整个流程。所谓的立法后的评估标准体系，也就是要根据立法的标准去评价其内容是否符合立法要求，其实施一段时间后产生的效果是否能够达到立法的预期目标，对其效果所进行的检测与衡量。[①]

综合上述两种概念，刑法立法后评估就是对刑法颁布之后的实施情况进行调查研究，对刑事法律的设计是否合理、立法内容是否具有针对性、规定的条款是否具有可操作性等方面进行评价，在此基础上总结优点和可取之处，对那些不合理、操作性差、执行效果欠佳的情形加以反馈并分析原因，为刑法立法的未来发展提供参考借鉴。

评估标准是衡量立法活动及其成果优劣的一个系统性的准则，是评价立法质量和影响状况的准则和尺度，评估标准对评估活动得出的结论的客观性和可靠性有着决定性影响。所谓立法后评估标准体系，就是将一定范围内的法律法规的质量以及实施的具体需求分解并量化，形成几个或多个标准组群，组群内各单项评估标准及其要素共同排列组成的既自成一体又相互联系的标准综合体，它的主要作用就是用来衡量法律法规的质量及实施情况。由此可以得出结论，刑法立法后评估标准体系是指在刑事法律实施一定时期后，建立一整套符合客观规律、科学可行且能够对立法实施效果予以评价的系统。这个标准体系用于对刑事法律的立法质量、在刑事司法中所取得的成效及存在的弊病进行分析研判和综合评价。

（二）建立刑法立法后评估标准体系的重要性

刑事案件犯罪率的增长和高发的恶性暴力事件，让我们不禁对刑

---

①汪全胜．立法后评估概念阐释［J］．重庆工学院学报（社会科学版），2008.

法立法的现实效果产生追问，一套切实可行的刑法立法后评估标准体系将对刑法立法效果的检视产生非常关键的作用。

1. 评估标准体系使立法后评估活动有据可依

如果缺乏相应的科学评估标准，法治历程建设中的立法评估必然会存在一定的盲目性和随意性，这会大大折损立法的效率，导致资源的浪费和无效配置。刑法立法后评估活动需要一套切实有效的评估标准对其进行引导，立法后评估活动的顺利展开更是离不开评估体系的有效指引。我国刑法立法后效果评估没有任何前期经验可供参考，因此刑法立法后评估标准体系的建立将对立法评估活动有着里程碑式的意义。刑法立法后评估标准体系的构建将为现行刑事法律评估体系的检视设立一套轻重有序、逻辑分明的行动指南，有助于刑法立法后评估工作的顺利进行。刑法立法效果评估是对刑法颁布之后的实施情况进行调查研究，了解法律法规实施之后所取得的成就，对实施效果不明显的情形加以反馈，并对其原因进行分析。科学有效的刑法立法效果评估标准将使立法评估工作发挥出更好的作用。

2. 评估标准体系使立法后评估工作更具针对性

刑法的执行是被特定的部门立案并经过特定的程序之后才开始生效，具有一定的强制性，而立法供给无法对未知的情形进行较为全面的评价，因此其结果具有很强的不确定性。刑法的立法只是在提供一种法律价值判断的过程和思路，而最终结果的确定性是无法保障的。因此为了保证刑法立法后评估结果的客观公正，立法后评估工作必将是多元主体参与的结果，多元主体的参与不可避免地会导致评估结果中主观因素过于复杂。刑法立法后评估标准体系的建立能够较为合理地化解这一疏漏，为评估活动的开展提供轻重有序、逻辑分明的依据，避免参与主体的多样化而导致评估因素杂乱无章、参差不齐的情形出现，从而使刑法立法后评估工作重点突出。有的放矢地安排立法后评估事宜，最大可能地保障评估结果的公允妥当。

3. 评估标准体系使立法实施效果的评价更加科学合理

在实践过程中，立法评估标准往往是在定性和定量两个维度上展开的。定性评估标准的目的是为评估工作提供战略部署和价值指引，定量评估标准的目的是将抽象性的价值评判予以数据化表达，对客观科学地进行立法及其实施效果的评判有很大的帮助。在"后立法时代"，刑事立法工作的重点并不是大规模地制定新法，而是多种不同情形下修订和废止那些"不再适宜"的法律条款的活动。从数量型转向质量型、从速度型转向完善型、从粗放型转向集约型是今后立法活动的主要趋势，立法后评估标准体系的构建，将为我国法律制度健全和完善提供科学依据并创造有利条件，有助于更好地实现立法的科学化、民主化和规范化。

4. 评估标准体系是对现有政策、法律的良性及时回应

在我国"科学立法、严格执法、公正司法、全民守法"的十六字法治方针中，"科学立法"居于首位，可见我国对于立法科学性的重视。开展立法质量评估，使立法者可以清楚地看到立法实施效果与立法预期之间存在的差距，[①]也可以更加客观地了解到立法技术方面的欠缺。立法者通过立法后评估标准体系可以有效地吸取经验教训，立法技术和立法预测能力都能得到提高，这样才能够制定出质量更高的法规。

2015 年修订的《中华人民共和国立法法》第一条就强调该部法律的宗旨为"提高立法质量""发挥立法的引领和推动作用"，第三十九条中创设"立法前评估"的方向指引，第六十三条建立"立法后评估"的价值机制。这是《中华人民共和国立法法》的引领和推动作用，其他部门法律的制定或修改都应当在立法法的价值轨道内进行。立法后评估工作的开展能够有效评估一部法律的科学与否，科学合理的评估标准体系的构建对刑法立法后评估工作能够发挥切实的指引作用。

（三）刑法立法后评估标准体系的构建

刑法立法后评估的标准体系要在整体上反映其实施的客观效果，体现出在法律运行过程中与政治、经济、文化等其他领域发展之间的互动关联，并能够对犯罪的惩戒、秩序的维护提供参考标准，不仅需要与传统普遍性评估标准相契合，而且需要与其自身的特色相适应。

1. 刑法立法后评估的一般性标准构建

立法评估标准有着较强的宏观性，法律本身的质量、法律的实施

---

①郭旺.法律实施效果的评估标准——以《义务教育法》为例[J].湖北警官学院学报，2014.

状况、法律的执行过程都在评估的整体范围之内。刑法立法效果评估的一般性标准是集立法的规范力和绩效力于一体的综合性体系。

（1）刑事立法的规范力标准

首先，合法性是一项法律得以发挥其价值的前提，所以对刑法立法的合法性做出评价是必须的。刑事立法应当在国家根本大法的规范引领下进行，刑事立法是否合法有效，要从立法的法律依据是否真实存在、立法主体是否符合法定的范围、立法内容是否超出刑事法律的框架、立法的相关程序是否完整正当等方面展开。其次，刑法立法效果评估标准的设置，要关注立法形式上的合法性，更应当注重立法实质上的合理性，也就是立法是否符合最大多数人的根本利益。最后，刑法立法后评估是对立法"合目的性"做出的判断，法律设立的初衷就是给人们提供行为指引，为法院的裁判提供依据。是否达成了设立初衷是对刑法立法进行评估的重要考量因素。特定刑法条款的目标设立究竟有多大价值、有没有必要，多大程度上反映了立法受众的需要、偏好或价值，与预期目标之间有多大程度的重合或背离等都是刑法立法后评估"合目的性"标准的体现。

（2）刑事立法的绩效力标准

刑法立法后评估的绩效力标准主要用于衡量刑法立法资源投入之后所取得的实际成果，通过对实际执行效果与立法具体条款的预期效果的比对，衡量法律的预期目的实现的程度。绩效力评估标准包括效率标准和执行力标准两部分内容。效率标准是指立法实施效果所达到的收益与其所投入的人力、物力、财力及时间的比率。看一项法律条文是否需要进行部分增减是对立法效率标准进行衡量的主要手段，如果不需要对法律条文进行增减，就说明立法达到了较为理想的效果，可以认为此项刑法取得了良好效果。刑法立法效果评估的执行力标准要从以下两个方面进行，一是司法机关对刑事立法的具体运用层面，包括司法人员对刑事立法的认可程度、执法、司法机关的权限、责任是否恰当等。二是公众的守法情况，也就是公众的行为是否在法律法规允许范围内进行。至于刑事立法的条文设计需要考虑的因素包括法律条款是否前后冲突、具体条款是否语义明确、刑事责任规定是否清晰完整、刑事立法语言是否严谨准确、是否可以避免因认识的错误而产生法律似是而非的问题等等。刑法立法要尽量避免语言上存在的歧义，那将会为执行带来很大的麻烦。

刑法立法是否能够实现与相关法律法规之间的良性衔接，也是立法后执行力高低的重要衡量因素。其他法律法规中也会出现追究刑事责任的条款，但是仅仅列举出承担刑事责任的具体行为内容，而没有指出追究刑事责任的具体条款，使得刑法跟其他法律法规之间缺少一一对应性。鉴于这种情况，如果在刑事立法中能够对此加以说明，就能够有效地避免司法机关在办理具体的案件时因不同理解而产生的具有主观性的判断，能够在很大程度上保证案件裁决的公正性。没有一个完全绝对的标准能直接衡量出法律执行效果的充分性，因为它与立法目的和人们的主观愿望都有关联。一般来讲，如果某项刑法条款的实施效果并不符合立法的目的，但是它却解决了现实中亟待解决的问题，这个过程和结果都得到了社会民众的广泛认同，就可以认为法律法规的执行效果具有充分性。

2. 刑法立法后评估的特色性标准

刑事立法的目的就是"惩罚犯罪，保护人民"，刑罚量则是重罪与轻罪的度量衡，犯罪圈设计的合理性，刑罚量配置的适宜性，刑事法律的安定性，刑事创伤的弥合性及刑法立法的时效性等方面的内容都是刑法立法后评估特色性标准需要涉及的重要内容。

（1）犯罪圈设计评估标准

合理划定犯罪圈是刑事立法的首要使命。犯罪圈会随着法律条文的修改而发生变动，时代的变化已经将很多不合理的刑罚排除出规范范围，同时也有很多新的值得动用刑事制裁的行为被纳入刑法规制的范畴中来。刑法立法后评估的犯罪圈标准包括刑法总则的犯罪圈标准和刑法分则中的犯罪圈标准。刑法总则统率刑法分则，因为刑法总则对刑法分则起到指引作用，所以在设定刑法总则中的犯罪圈时，务必慎之又慎。刑法总则起到的是提纲挈领的作用，对处理具体案件时是否入罪发挥作用。

总则中的犯罪圈即总则犯罪化指标，比如规定地域管辖原则、精神状态对于刑事责任的影响等。刑法分则的犯罪圈大多是某些罪名的构成要件、增加某种罪名的行为方式、设立新罪将之前不构成犯罪的行为纳入刑法的规制范围、将本属于此种罪名规制的行为纳入彼种罪名的范围以及将一些不合时宜的罪名排除在刑法规制的范围之外等。犯罪圈设计评估标准的目的是要克制因为立法过剩造成法律虚置和防范立法缺失，致使法律不足以及避免形式立法与刑事司法脱节等情况的出现。刑法立法后评估的犯罪圈设计标准的衡量因素，应当同时起到评估现有法律条款是否发挥相应作用和对"立法盲点"进行妥适评价的双重作用。

我国社会发展的迅猛势头给刑法立法提出了许多新的要求，在罪名的设立层面，刑法立法不仅要把当前应当处罚的行为入罪化，而且还应当将未来可能发生且具有极大风险的行为纳入刑法规制范畴，并在科学测定刑法介入之后司法承受能力的基础上制定规范。

（2）刑罚量配置评估标准

刑罚是实施犯罪行为之后所获得的国家制裁，均衡有序的刑罚量配置是防范刑罚胡作非为的有效手段，也是保护公民合法权利的坚实盾牌。从我国刑法史的角度来看，轻罪重罪极少发生倒置，其格局也从来没有发生过太大的变化。但是在现阶段的社会经济发展中，很多行为的社会危害性都发生了转变，我国过去的每次刑法修订都有刑罚轻重的变化，这在刑法总则和分则中都有所体现。

均衡有序的刑罚量配置是实现刑罚设置科学性的重要归属。社会行为所产生的危害性不能够一概而论，行为不同，社会危害性也就不同，发展变化的趋势也会不同，导致的结果亦存在明显的差异性。鉴于此，面对不同的社会危害行为所设置的刑罚量也产生了差异性的变化。面对社会危害性会产生严重变化的行为，应该予以严厉制裁，加大刑罚量，反之亦然。

刑罚量配置标准要包括刑法总则中的刑罚量标准和刑法分则中的刑罚量标准。刑法总则或刑法分则中的重刑化或轻刑化同样存在着合理与否的变化趋势，比如《刑法修正案（八）》中规定对于已满75周岁的人犯罪可以从轻或减轻处罚；在《刑法修正案（九）》中增加关于禁止从事相关职业的规定，"利用职业便利实施犯罪或者实施违背职业要求的特定义务的犯罪被判处刑罚的罪犯"则是刑法总则中重刑化的体现。[①]

---

①郑旭江.论经济违法犯罪法律责任立法一体化[D].中国博士学位论文全文数据库，2016.

对于国家社会秩序的调控，硬刑法是一个无法替代的存在，但是随着时代的进步，权益主体也日益分化成国家公民与社会成员两种身份，这促使软刑法的社会治理作用日益凸显出来，因此在刑罚量的设计标准中，关于软刑法（如缓刑）的适用率及实施效果理应成为刑法量配置是否适宜的又一附属性标准。刑事法治化进程资源耗费巨大，只依赖国家的力量是远远不够的，必须要发动社会力量对刑事法治化的巨大推动力，采用"软硬兼施"的方略，让软硬刑法相得益彰地释放刑法体系的社会效力。

（3）刑法立法的安定性评估标准

刑法的安定性评估标准就是刑法的修改率，可以通过每次所修订的刑法条文数量与刑法条款总数量的比率获得。刑法立法的良性运作需要得到法律受众的广泛认同，而公众认同法治的重要前提只能是"法律规范在实践上具有一定的持续性和稳定性"。刑事法律是惩治违法行为最严厉的法律法规，频繁修改和变动会导致与所修条款具有利害关系的行为人对自己行为的法律后果无法预见，或者很难在特定时期内为自己做出长远规划，这会动摇法律在人们心中的权威性。刑法修改的频率是刑事立法安定性标准数据变量，历年来我国对刑法的修正都可以归纳为新罪种的增设、对某些犯罪构成要件的修改补充以及对某些犯罪法定刑的调整三个方面，刑法的修改不仅应该具有一定的前瞻性，还应该具有相当的安定性。

（4）刑法立法的弥合性评估标准

法律的主要作用不是惩罚或者压制。打击犯罪、维持社会秩序是我国刑事司法设立的目的，后来保障犯罪嫌疑人、被告人的权利也被提上议事日程，只是刑事受害人的余生都会承受着犯罪所带来的苦果并为此煎熬痛苦。如果刑事案件中的被害人未能得到有效救济，司法就没有全面地彰显其公信力，这样的后果就是困难重重的维权之路。由此可见，刑法立法后科学评估标准体系的构建必须要考虑到刑事受害人受到的刑事创伤，刑事被害人对案件处理结果的满意度、是否受到二次伤害等理应成为刑法立法后评估时弥合性标准的主要体现。如若刑事受害人的诉求不能在刑法立法的过程中得到照顾，刑事诉讼中必然会出现一系列不和谐因素。

### 3. 刑法立法的时效性评估标准

第一，刑事立法中虚置性法律条文的多少也可以成为刑法立法后评估标准的衡量因素之一。法律条文的意义在于实施，社会的飞速发展使得很多刑法立法条文在新形势下出现滞后性，执法过程中执法不严、违法不究、选择性执法等现象也会致使刑法立法的实施效果偏离制度设计的初衷。这时建立一种纠偏机制把那些违背时效性的刑法条文进行及时补正，会使执法效率大大提高。

第二，刑法立法后效果评估应当关注那些已决案件是否与现有立法之间存在关联。如之前的流氓罪、投机倒把等从重惩罚的罪名，部分行为人甚至在时代变迁后还在承受当时的刑罚。一些罪名在今天已经退出刑法的规制范畴，如果当年的行为人至今仍在遭受牢狱之苦，就是刑法时效性评估的缺失。因此刑法修订不仅应当展望未来，而且应当回顾过去，不仅应当佑护社会上的自由人，更应当给予身陷囹圄之人一份希望和寄托。

总而言之，立法评估活动是刑法立法与时俱进的一大进步，虽然我国刑法立法后评估标准体系的构建还处于初设阶段，评估方法与评估标准尚处于探索之中，但是在"科学立法"的方向指引下，刑法立法评估标准体系一定能循序渐进地在探索的道路有序推进。探讨立法后评估标准体系的构建，发挥评估对刑事立法的正向导引作用，为刑法立法的规范进程提供可靠有效的方法。

# 第三章

# 标准体系的结构类型

# 第一节 标准体系的标准数量结构

目前，我们所设定的标准种类非常多，其制定的最初目的也不尽相同，进而对其分类的标准也十分繁多。

## 一、按照是否具有强制力

按照标准可以分为强制性标准和自愿性标准。在很多行业中都存在强制性标准。顾名思义，该标准是在一定的范围内按要求必须执行的。这种强制性是通过法律或者法规来实现的。面对强制性的标准，任何企业或个人是没有选择权的，因此必须按照法律法规来贯彻执行。世界上的各个国家对安全、健康、卫生、环保等涉及公共利益等方面规定的标准就是强制性标准。比如，环保安全生产的标准、防止垄断经营方面的标准等，一旦违反是必须要接受法律或法规的制裁的。

与强制性标准截然相反的是自愿性的标准。面对这种标准，我们是可以有充分的选择权的，执行或者不执行均由个体自行选择。因为推行这一标准体系的主力军不是国家，而是市场和企业自身。正因如此，自愿性标准在我国也被称为推荐性标准。有关各方在自愿性标准的选用上有选择的自由，企业如果没有声明选用这种自愿性标准，出现违反该标准的情况，是合法的行为。反之，如果一个已经声明或承诺会采用某一自愿性标准的企业没有严格执行该标准，则必须承担相应的法律责任或经济责任。站在全球经济一体化发展的角度来说，每一个国家都会在产业竞争的背景下，根据市场调节机制采用自愿性标准。很多发达国家还在体制上保证了自愿性标准的制定和实施。①

## 二、按照标准化对象

按照标准可以分为技术标准、管理标准和工作标准。在标准化研究领域中，技术标准强调的是面对技术事项通过协调制定的统一标准。通常情况下，这种技术标准是在生产、建设或者商品流通的环节

①邝兵. 标准化战略的理论与实践研究[D]. 中国博士学位论文全文数据库, 2011.

中提出的必须满足的技术要求。技术标准的制定是对目前现有的生产技术活动的总结而得出的经验和收获。比如，产品的科研与设计、成品的生产工艺与检验技术等工作共同认可的各项标准，还有生产所需的技术设备、使用工具等方面提出的标准，以及在产品生产过程中和工程建设中的技术质量标准等都是技术标准。技术标准是一个大类，它还可以被进一步细分为基础性技术标准、工艺标准、设备标准、产品标准、测试验标准、原材料标准、环境保护标准等。

在标准化研究领域中，管理标准强调的是面对管理事项通过协调制定出的统一标准。通常情况下，这种标准是在组织机构中为了更好地发挥管理职能，更有效地组织和控制生产流程而制定并实施的标准。面对管理活动所需要制定的目标和程序、需要管理的项目和方法、设计的管理组织等方面所明确的规范和标注，就是管理标准。按照管理的不同层次和标准的适用范围，管理标准又可划分为管理基础标准、技术管理标准、生产经营管理标准、经济管理标准和行政管理标准等五大类。

在标准化研究领域中，工作标准强调的是面对工作事项通过协调制定出的生产和生活实践活动的统一标准。通常情况下，这种标准是对工作的具体范围、结构、程序、要求、效果和检验方法等所做的规定，其主要内容包括工作范围、工作目标、工作组织和结构、工作的流程和具体措施、工作的监督和质量要求、工作的效果与评价、相关工作的协作关系等。工作标准的对象是人，主要内容是岗位目的、工作程序和工作方法、业务分工与业务联系信息传递方式、职责与权限、质量要求与定额、对岗位人员的基本技能要求、检查与考核办法等方面。

### 三、按标准的外在形态

按照标准可以分为文字图标标准和实物标准。标准的外在形态以文字、图标和实物等几种形态展示。其中，文字图标的标准是最基本的标准形式，是以文字图标为主要展示方式来统一规定标准化的对象。除此之外，样标是实物标准。尤其是当无法用文字、图片或者表格来准确定义标准化对象的特点或属性时，我们就需要使用实物标准。

按标准化对象和领域分类，标准化对象就是标准化的主体，就是要将那些概念或者事物制定成标准。用实例来说，标准化的具体对象包括材料、元件、器件、设备、系统、接口、协议、程序、性能、方法或活动等等。为了便于理解和区分，国家标准GB/T19000—2000《质量管理体系 基础和术语》将标准化对象归纳为"过程及其结果"，据此我们可以将标准化对象分为"过程"和"结果"两类。以"过程"为标准化对象制定标准，就是对"如何做"做一个规定，是限制人的行为的，也就是针对各类人员制定的标准。比如化学分析方法标准，就是非常典型的过程标准。以"结果"为标准化对象制定标准，就是对某种东西做一个规定，是限制物的，典型的结果标准就是各种产品标准。

**四、按照标准的级别**

标准可以分为国际标准、国家标准、行业标准、地方标准和企业标准。

（一）国际标准

严格来说，国际标准的级别分为国际标准和国际区域性标准两种。

1. 国际标准

国际标准是由全球性的国际组织制定的标准，在世界范围内被各个国家承认，并在国际社会各国之间通用。这些国际组织有国际标准化组织、国际电工委员会、世界卫生组织、食品法典委员会、国际计量局等。

2. 国际区域性标准

区别于国际标准，国际区域性标准则是由在一些区域内的国家集团标准化组织负责制定和颁布的标准。这类标准制定之后，国家集团的各个成员国是要认可并共同遵循的。组成这类区域类国家组织的国家往往都是在地理方位上比较临近或者在政治经济方面形成的利益结盟的，比如拉丁美洲的泛美标准化委员会、欧洲标准化委员会等。[1]对于国际标准来说，国际区域性标准的出现像一把双刃剑，它在

---

①侯俊军. 标准化与中国对外贸易发展研究[D]. 中国博士学位论文全文数据库, 2009.

某些情况上可能对国际标准产生有益的促进作用，有时也可能影响国际标准发挥其统一协调的作用。

### （二）国家标准

国家标准由国务院标准化行政主管部门制定发布，是对那些关系到全国经济、技术发展的标准化对象所制定的标准，国家标准具有权威性、科学性和统一性，在全国各行业、各地方均适用。

国家标准是中国标准体系的主体，基础性和通用性都较强，国家标准发布实施以后，其他与之重复的行业标准和地方标准立即废止。我国正处于快速发展时期，人们的生产、生活需要也时时发生着变化，国家制定标准的最终目的就是满足这种动态变化的需要，因此标准是一种动态的信息。强制性国家标准是保障人体健康、人身财产安全的标准和法律及行政法规规定强制执行的国家标准。

国家标准的编号由代号、发布顺序号和年号组成。国家强制性标准的代号为"GB"，就是"国家标准"一词的大写的汉语拼音首字母，"GB/T"则代表国家标准推荐性标准，标准的发布顺序号用阿拉伯数字表示，后加"—"，最后是代表发布年份的年号，如GB/T19000—2000，就代表2000年发布的第19000号国家推荐性标准。[①]

### （三）行业标准

行业标准是针对在国内某个行业范围内统一的标准化对象所制定的标准。我国很多行业都已经制定并发布了行业相关标准，如化工、冶金、轻工、纺织、机械、电子、建筑、交通、林业、水利能源、农业等行业都有正在运行的标准体系。行业标准的制定、审批和发布都由国务院相关行政主管部门主持，并上报国务院标准化行政主管部门备案。

行业标准编号是由行业标准代号、标准发布顺序号和年号组成的。不同行业的行业标准代号是不同的，各行各业的行业标准代号都是由国务院标准化机构规定的。强制性行业标准代号由大写的汉语拼音首字母组成，比如"NY"代表农业，"TD"代表铁道，推荐性行业

---

①毕文红.WTO框架下技术壁垒及跨越技术壁垒的模式研究[D].中国博士学位论文全文数据库，2007.

标准在行业标准代号后加上"/T"。行业标准代码JG/T474—2015，表示的就是建工行业2015年发布的第474号推荐性标准。

### （四）地方标准

顾名思义，地方标准就是"地方"统一使用的标准。"地方"的定义是在某一个国家内部的省、自治区、直辖市范围。依据《标准化法》的要求，地方标准的编号由地方标准代号、标准发布顺序号和发布年号组成。强制性地方标准代号由"地方标准"的汉语拼音大写首字母"DB"，加上省、自治区、直辖市的行政区划代码前两位数字，推荐性标准代号则在后面加"/T"，比如DB11/039—1994，表示的就是地方标准"电热食品压力炸锅安全卫生通用要求"。[①]

### （五）企业标准

企业标准指的是由企业制定的产品标准和为企业内需要协调统一的管理要求、技术要求和工作要求等制定的标准。我国《标准化法》规定，"凡在中国境内取得企业法人资格的一切企业，其生产的产品如果没有国家标准和行业标准的，都应依法制定企业标准，作为组织生产的依据，并按规定上报有关部门备案"。国家鼓励企业制定自己的标准，因为在企业内部适用的标准对于企业来说一般是具有较强的强制性的，即使已经有了国家标准或行业标准在先，企业标准在企业内部执行时往往也会比国家标准和行业标准更加严格。

企业标准的编号由企业标准代号、标准发布顺序号和发布年号组成。企业代号可以用"企业"的大写汉语拼音首字母"Q"代表，后加企业名称汉语拼音大写字母，也可以用阿拉伯数字代表，二者兼用亦可，比如Q/JB 1—2007。企业代号的具体制定办法由当地相关行政主管部门规定。

## 四、其他分类法

### （一）正式标准

正式标准是相对于事实标准而言的，它又被称为文本标准或法定标准。该标准的制定过程是必须要面向广大公众进行意见的公开征

---

① 赵源. 民政标准化创新工作实证研究[D]. 中国优秀硕士学位论文全文数据库, 2013.

求，协商一致后由公认的标准机构批准发布。由于正式标准融入的利益相关方意见比较广泛，代表着一个协商一致的做法，因此正式标准的制定程序要力求做到公平公正和广泛的协商一致。ISO、IEC、ITU等国际标准化组织的标准都是比较典型的正式标准，CEN、CENEIEC、ETSI等区域标准化组织的标准也属于正式标准，此外正式标准还包括各国国家标准，比如我国的国家标准GB，ANSI制定的美国国家标准，BSI制定的英国国家标准等。①为了防止某一个领域内出现垄断现象，所以，要求正式标准必须公开完成，且经过长时间多方协商一致才可以发布。正式标准通常无法及时发布，而且需要多次评估。目前，对于正式标准的制定过程和颁布流程等已经开始尝试新的方法和流程，以适应技术的快速发展和真实的市场需求。比如现行标准程序得到了改进，新的标准化文件被开发出来，这使新的标准制定过程大幅度简短，且能够更及时地反映出市场变化。

（二）事实标准

事实标准与正式标准截然不同，并不是由传统的标准机构研究制定的。它的出现往往是多个相关企业根据其相同的利益目标而主动制定的标准，而且受到市场驱动并且被市场广泛接受的标准。它可以表示某个企业制定的企业标准，比如IBM的标准，也可以是多个企业组成的所谓"联盟""论坛""财团"等制定的标准，比如W3C（World Wide Web Consortium）等。

正式标准因为要面对公众，多方协调一致完成，所以制定过程耗时较长。事实标准则比较简单，只需要符合少数几个相关企业共同协商制定，所以用时较短，制定流程也可以随机应变。这样的灵活机制可以有效保障事实标准与市场技术之间的适应性，面向市场需求可以做到快速反应、及时满足。但是由于事实标准往往与企业内部技术或专利相关，有时事实标准仅代表企业的意见，在制定过程中缺少政府、消费者或特殊利益组织等其他方面的参与，所以事实标准的开放性并不强，不具备广泛传播和应用的特质。在经济全球一体化的今天，因为事实标准不仅更加符合市场需求变化，也能够保留传统正式标准的优势，所以其应用性也在不断地扩大适用范围，还呈现出与传

---

①邝兵. 标准化战略的理论与实践研究[D]. 中国博士学位论文全文数据库，2011.

统正式标准不断融合的发展趋势。这种发展变化是一种更加开放的表现，也是更具有可操作性的表现。

**五、团体标准化在建筑防水行业中的实践**

不同行业有着不同的特点和需求，在标准体系的选择上也有着不同的适用性要求。此部分我们就以团体标准在建筑防水行业中的实践为例来说明不同种类的标准体系的实际使用情况。

虽然在标准的制定过程中还存在着协调性不够的情况，但是我国的建筑防水行业已经建立起了相对完善的标准化体系。随着国家标准化体系改革的持续深入，建筑防水工程领域和建筑防水材料领域质量提升工作的推进，我国的建筑防水行业综合标准化体系的建设有了新的实践环境。2016 年，依据《标准化工作导则》GB/T1、《标准化工作指南》GB/T20000、《标准编写规则》GB/T20001、《标准中特定内容的起草》GB/T20002、《标准制定的特殊程序》GB/T20003、《团体标准化》GB/T20004 等标准，中国建筑防水协会团体标准技术委员会成立，担负起了我国建筑防水行业团体标准化管理的职责。

（一）建筑防水行业标准化概况

近代以前，受限于施工技术，我国建筑行业中一直是坡屋面处于统治地位，沥青油毡的出现和应用才使得建筑屋面摆脱了坡面屋顶的限制，建筑设计和建造进入平屋面时代，进而又促进了屋面防水材料的大发展，逐渐发展成目前的各类建筑防水材料。建筑防水行业的现代标准化工作也随着我国建筑防水事业的发展不断进步，从标准化机构、标准化意识、标准编制、技术发展和标准化体系建设等方面不断地发展、完善和进步。

1. 建筑防水行业标准化管理

在我国国家标准化管理委员会和全国轻质与装饰装修建筑材料标准化技术委员会成立前，建筑防水行业标准化管理工作方面主要由原国家建筑工业部、原建筑材料工业局、原国家计划委员会、原国家技术监督局等国家部委负责工程建设标准、产品标准、试验方法标准等的制订，管理比较分散。2001 年国家标准化管理委员会成立之后又成立了全国轻质与装饰装修建筑材料标准化技术委员会，专门负责建材

（包括建筑防水材料）领域的国家标准制修订工作。2008年全国轻质与装饰装修建筑材料标准化技术委员会下设了建筑防水材料分技术委员会和建筑密封材料分技术委员会，分别负责建筑防水材料等领域和建筑密封材料等领域的国家标准制修订工作。2011年年底先后成立了强制性条文协调委员会、建筑设计标准化技术委员会、建筑结构标准化技术委员会、建筑工程质量标准化技术委员会、建筑施工安全标准化技术委员会、建筑制品与构配件标准化技术委员会等20多个标准化技术委员会相继成立，开始逐步完善工程建设领域的标准化体系，建筑防水行业领域的标准分别由相关专业领域的标委会负责管理。

2. 我国建筑防水行业标准化现状

2017版《中华人民共和国标准化法》实施之后，建筑防水行业的标准目前分为国家标准、行业标准和团体标准、地方标准和企业标准。国家标准中的产品标准和试验方法标准管理在全国轻质与装饰装修建筑材料标准化技术委员会，国家标准中的防水工程建设标准由住房和城乡建设部下设的相关专业技术标准化技术委员会管理。行业标准主要由建筑防水材料分技术委员会和建筑密封材料分技术委员会负责管理。地方标准则由当地政府部门制定。团体标准由相关社会团体自行编制发布，在团体标准相关信息平台进行团体标准自我声明公开。企业标准由企业自行制订，在标准化信息平台进行企业标准自我声明公开。

3. 目前我国建筑防水行业团体标准化发展的主要问题

基础研究薄弱，缺少对团体标准体系的技术支撑；标准化人员缺乏，影响团体标准体系建设和标准水平；行业团体标准刚刚起步，缺少行业认知，推广难度大；尽管标准化法赋予了团体标准法律定位，但是对于如何具体支持发展，如何被引用到行业标准、国家标准中并没有明确说明。缺乏政府引导和统筹协调，也没有明确制定主体，在促进创新技术转化应用方面作用有限，监督机制也不十分完善。

（二）建筑防水行业团体标准化综合体系

结合建筑防水行业实际情况和国家对团体标准的定位，依据市场、行业、企业的实际需求，建筑防水行业标准化综合体系包括管理体系、标准体系、保障体系和服务体系四大体系。其中管理体系的主要构成是行业管理组织机构及其运行机制等相关内容；标准体系的主要构成包括产品、工程建设、方法、管理、节能环保、能力建设等标准；保障体系的构成主要包括基础研发机构、技术研发、各类人才等内容；服务体系的主要构成为团体标准化体系工作中提供的各类咨询、信息、技术服务工作。

### （三）建筑防水行业团体标准化管理体系

制定了《中国建筑防水协会团体标准化技术委员会管理办法》《中国建筑防水协会团体标准管理办法》《中国建筑防水协会团体标准实施细则》等行业团体标准管理制度，制定了规范团体标准的各项管理工作，确保了团体标准化工作的顺利开展。这些团体标准管理制度所构成的管理体系，规定了团体标准化技术委员会的职责、业务范围、委员的任职资格和服务年限、委员会管理机构的产生和任期，也规定了团体标准的定位、遵循的原则、组织机构的设立和职责、工作流程及特殊规定等内容。同时对于工作程序、项目立项、标准编制（准备阶段、征求意见阶段、送审阶段、报批阶段）、日常管理和复审等日常工作细则也做出了明确的限定。

### （四）建筑防水行业团体综合标准体系

建筑防水行业团体综合标准体系主要涉及防水工程和防水产品两个方面的标准。防水工程质量是团体标准体系的核心，在编制防水工程标准时，防水工程的可修复性认定、防水等级、防水材料、施工工艺技术、配套技术、验收方法以及现场管理和人员技能等因素都是必须认真考虑的因素，它们共同构成了工程标准体系的整体。

防水产品标准体系是以产品标准为中心的包括原材料标准、方法标准、过程控制和管理标准、环保标准、绿色节能标准以及各类职业技能资格标准等涉及各个相关领域的标准体系。

自从开展团体标准化工作以来，我国的建筑防水行业的标准体系建设取得了很多可喜的成果。团体标准化技术委员会成立以来已经召开了两次委员会年度工作会议，讨论了建筑防水行业团体标准化工作的定位、范围、开展的主要工作等内容；发布了一批12项团体标准，14项团体标准正在进行立项前的技术委员会专家评审阶段；同时为建筑防水行业内标准化工作者开展了标准化培训工作。这些行业团体标准化工作的展开，不仅优化了现有的建筑防水行业标准化体系，而且为建筑防水行业培养了一批非常优秀的标准化专业技术人才。我国的建筑防水行业已经逐步树立以防水工程建设为目标导向、以防水工程标准为核心的新型建筑防水行业团体综合标准化体系。

# 第二节 标准体系的结构分类

标准体系的内部标准并不是多个标准单元杂乱无章地无序堆积，而是按照一定的结构进行的科学的、逻辑的组合，由于标准化对象数量广泛、形式复杂，各个行业或领域内的标准体系结构的表现形式多种多样，主要表现在以下四个方面。

## 一、层次结构

在标准体系的内部，其标准化对象的上下级之间、共同特性与个体特性之间存在的结构关系所表现的形式就是层次结构。这种层次结构以树形结构或节点层次结构作为具体的表现形式，由此可以准确地反映出标准化对象的共同特性和个体特性。如果一个标准体系的层级数较多，就意味着该层次结构较深，则表现出这一标准体系的管理精度更好。如果一个标准体系表现更具有灵活性和弹性，就意味着这一标准体系将更加完备，具有更高的适应性。一般领域的标准体系都可以用层次结构来表达，比如企业标准总体结构，如图3.1。

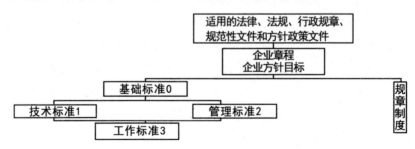

3.1 企业标准总体结构图

## 二、线性结构

标准体系的程序化表现被称为线性结构，主要是针对体系内各个标准项目之间存在的关系和流程顺序。通过线性结构的分析，可以看出标准化对象在活动程序中表现出的顺序和出现的时间。比如，在设计数据库时，程序员必须严格按照标准和逻辑关系完成流程控制。线性结构是由一系列前后相继的阶段组成的，前一个阶段是后一个阶段得以展开或实施的前提，后一个阶段不可能与前一个阶段同时进行，更不可能在前一阶段缺失的情况下完成。[1]图3.2为某数据库设计标准线性流程。

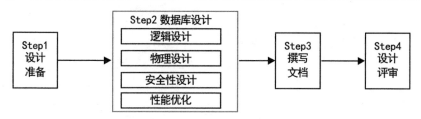

图3.2 某数据库设计标准线性流程

### 三、序列结构

序列结构是将系统工作的全过程按过程时序、控制程序或者是二者的结合将各个组成过程排列起来，再将各个组成部分所涉及的全部标准罗列出来而编成的标准体系。图3.3是全国性的行业标准体系和专业标准体系的层次结构，是非常典型的序列结构。

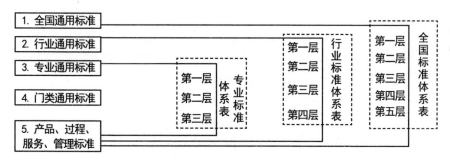

3.3 行业标准体系和专业标准体系的层次结构图

### 四、隶属结构

在标准体系中，不同的标准项目之间都存在隶属关系，以此分类、罗列并编制而成的标准体系就是隶属结构。如下图3.4所示。

---

① 王茂. 行业标准《中医药标准体系表》研究制定[D]. 中国优秀硕士学位论文全文数据库，2013.

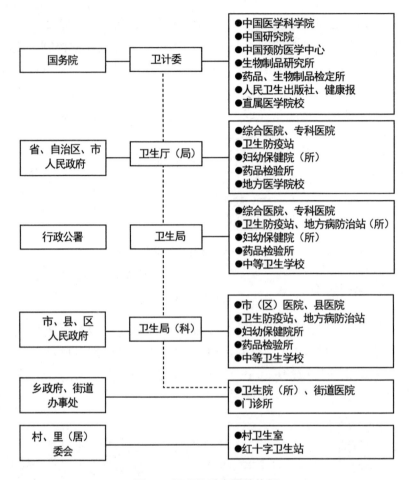

图3.4 标准体系隶属结构图

# 第三节　标准体系的构建类别

按照标准体系的构建类别，也就是根据标准化工作进行的不同阶段以及标准化工作过程中所体现出的整体水平，标准化体系可以分为创建型、提高型和完备型三种。

## 一、创建型标准体系

创建型标准体系就是标准体系的创建主体首次开展标准体系的建设工作，在进行标准体系制定时，其创建主体为了解决尚无标准体系的技术、管理或工作方面的问题而率先创新地提出了该标准体系的构建工作。这时的标准体系就是创建型标准体系。创建型标准体系是全新的体系建设工作，也是一个需要花费较长时间逐渐完成的标准体系。它是在相关的政策法规体系框架下对国际标准、国家标准、地方标准、团体标准和行业标准进行整理和分析，以为当下进行的创建型标准体系寻找准确的定位并制订出切实可行的发展目标。

## 二、提高型标准体系

在进行标准体系制定时，其创建主体为了以更高的标准来完成技术、管理和工作上已有的内容，而选择以内容创新为出发点在原有的已经运行一定时间的标准体系进行修改和补充的方式完成的标准体系构建工作。提高型标准体系是在标准体系的运行过程中对相关标准的修订意见和建议进行整理和分析，结合标准化工作的实施效果反馈，在必要时少量引入相关领域的最新标准。提高型标准体系是一种成熟期的标准体系，体系内的各项标准制定基本已经完成，相关的数据信息也比较稳定。

## 三、完备型标准体系

在进行标准体系制定时，其创建主体为了提升标准体系的先进性和全面性，持续地进行技术、管理、工作等方面的标准修订和完善活动中不断深化和优化标准体系，以达到提高标准体系的在运营过程中的实施质量和应用效果。[①]

完备型标准体系对标准化工作过程中对于实施标准的反馈问题进行整理分析，并参照国际标准、国内先进标准和有关修改意见对标准进行修订，以使标准化工作的发展目标得到进一步的明确。完备型标准体系的标准体系表一般按照PDCA循环过程对部分公共标准进行更替，使标准体系的整体水平得到提升。

---

① 麦绿波. 标准体系构建的方法论[J]. 标准科学, 2011.

# 第四章

# 标准体系构建的程序

# 第一节 标准体系构建的流程

## 一、标准体系目标分析

标准体系的范围和结构都是由设计目标决定的，在不同的设计目标的主导下，标准体系结构会出现较为明显的特征差异，因此在设计标准体系结构的目标时，要根据建立标准体系的实际需求和遵循标准体系的构建原则来明确标准体系构建的目标。标准体系创建主体必须遵循标准体系的建立准则，并以此为出发点展开，进行系统性、完整性、先进性、协调性和适用性等方面的树立准绳。

系统性要求标准体系中的每项标准在结构中都能被安排在恰当的位置；完整性指需要制定成标准的各种重复性事物和概念要得到充分的分析，使一定范围内的标准做到最大限度的全面、齐套；先进性指标准体系结构内的标准要能够有效地反映出标准体系的现状及适应发展的需要；协调性指的是要明确本标准体系与外界以及体系内部不同的行业、专业和门类间的界面；适应性要求标准体系结构必须与标准化对象的任务、特点和目标相适应。

标准体系设计目标的确立要建立在标准体系设计的理论基础之上，其他各类具有指导性的相关条例也可以成为标准体系目标确立的依据。通常来讲，标准体系目标分析依据要包括如《中华人民共和国标准化法》《中华人民共和国标准化法实施条例》等法律法规，还要具有所涉及行业的发展规划以及行动计划的具有普遍意义和指导意义的相关文件，各级标准和明确规定了标准体系相关要求的具有法律效力的依据性文件，如任务书、合同等也是必不可少的，此外还要具备主管政府部门或机构的指导思想和具体要求。

## 二、标准需求分析

标准体系构建主体要考虑到标准实施领域和标准化对象的要求来构建标准。所以，必须要分析标准化对象的发展目标和具体的任务，进而形成标准化目标体系。

分析标准化对象的详细需求应遵循一定的流程。

首先，确定谁是标准化对象。每一个标准化对象所提出的需求是不同的，其所建立的标准体系则要遵循这一个标准化对象的需求，并以此为先导。

其次，收集相关的资料。对于标准化对象需求的分析所需要的各种各样的资料要进行收集和整理，并将所得信息进行分析，以求可以了解关于标准化对象的需求和能够达到的技术水平、管理能力和工作质量。另外，还要了解和分析标准化对象的专业技术、所处领域和行业发展前景、能够提供的保障资源和条件等方面。[①]

最后，构建标准化目标。在构建标准体系前，针对标准化对象需求的要求确定最终的构建标准化目标。这一目标体系要全面和详细，其不同层次和专业都要明确。具体产品的标准化目标较易实现量化，复杂的标准化体系由于涉及的专业众多，组成成分极为复杂，提出量化的标准化目标是很难实现的，但是可以根据一段时期内系统发展的目标和整体任务要求提出一个标准化的目标方向。

### 三、分析标准的适用性

在标准化研究多年之后，基于长期积累的经验和当前我国所处的标准化建设环境，不同的专业和领域都已经拥有了构建标准体系的良好扎实的基础。所以说，我们目前所构建标准体系的工作基础是有的，也很少需要从零开始探索如何做实践标准工作，更多的是要对现有的标准实施情况进行适用性分析，而后提出改进方案。

目前，普遍使用的分析标准适用性的流程为：首先，要对现有的标准群或标准体系进行全面了解，掌握其设计目标、涉及范围、体系层次和结构、具体的标准项目和编制的质量水平等；其次，要对比标准化对象的需求进行两者之间的差异分析；最后，给出适用性分析结论和调整改进建议。下面我们就举例探讨不同的标准体系模型的不同的适用性。

（一）GB/T15496—2003 体系模型的适用性分析

2003 版企业标准体系总共包括六项系列标准，分别是《企业标准体系要求》《企业标准体系技术标准体系》《企业标准体系管理标准和工作标准体系》和《企业标准体系评价与改进》四项企业体系相关标准和《标准体系表编制原则和要求》及《企业标准体系表编制

①李国强，湛希，徐启. 标准体系结构设计模型研究[J]. 中国标准化，2018.

指南》两项标准体系表。这一版的标准体系提出了技术、管理、工作三大标准体系架构，但是在实际的企业管理工作中，特别是在大数据和信息技术高速发展的时代背景下的企业管理中，把管理事项和技术事项完全割裂开来是十分困难的。

实际情况恰恰相反，我们在技术文件中常会遇到需要支撑性的管理要求，而管理文件中也会提到技术规定，这在企业标准体系建立过程中就会带来具体的问题，导致很多具体文件无法划入指定的标准体系架构，或者为了适应体系规划要求，将一个事项的技术要求和管理要求强制拆分，并写入不同的文件进行归类。这种结果与标准体系构建的初衷是相违背的，它的存在更多的是为了验收，在使用方面发挥的作用却非常有限。这样的方法既带来了大量的额外工作量，也给标准化实施的具体参与者带来了困惑与不便。标准作为标准体系的基本组成单元是不能用来构建第一层体系架构的，那样会带来标准无处归类或拆分文件的问题。所以，无论是哪种标准分类法都不能和体系建设的方法相混淆。

（二）GB/T24421—2009服务业标准体系模型的适用性分析

推荐性国家标准GB/T24421提出了通用基础标准体系、服务保障标准体系、服务提供标准体系的模型。在这个模型的第一层文件中，就有效地避免了2003版标准体系所面临的问题，基础、保障、提供都是针对标准化内容进行的划分。它的第二层文件也具有很强的操作性，如图4.1。

但是GB/T24421的广大服务业试点单位在实践过程中面临着一个难题，就是如何在服务标准体系模型子体系中的服务规范、质量控制规范、管理规范、服务质量评价、改进标准等具体文件之间无法进行有效的区分。[1]

（三）GB/T15496—2017版标准体系模型分析

2017版的标准体系强调的是基于需求分析的体系结构设计，其关注的重点也是标准本身和标准供给结构的实用性。这一版的标准体系

---

[1]康仲如，李琳，窦芙萍，藏东祥.流程性钢铁企业标准化体系建设研究（一）[J].大众标准化，2010.

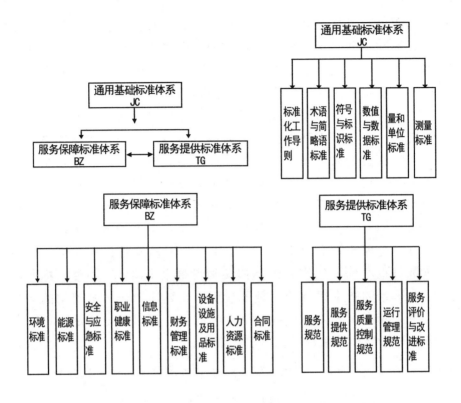

图4.1 服务标准体系模型

创造性地提出了产品实现标准体系、基础保障标准体系和岗位标准体系,它的修订初衷是要针对产品实现的全流程,提供全方位的基础保障,并最终落地到岗位标准体系,同时涉及产品实现过程中的各个流程和基础保障的各个方面,甚至还包含了人员工作的各个细节。以推荐性国家标准GB/T15496—2017标准体系为例,结构如图4.2。

这一结构战略服务的顶层设计思想,以企业内生需求为导向建立企业标准体系,企业可以根据自身特点在给出的通用模型的基础上进行增加、删减或重新整合和命名,具体情况具体分析的企业标准体系进行自我设计,以适应企业实际情况、满足现实的需求。在它的生产、服务提供标准子体系中包含有采购、包装、不合格控制、运输、工艺服务和产品交付等子体系,这在实际运行中企业可以根据实际情况进行删减、重新整合等自我设计;当然每个子体系可由一个标准组成也可由多个标准组成,一个标准本身也是一个小体系,用一系列标

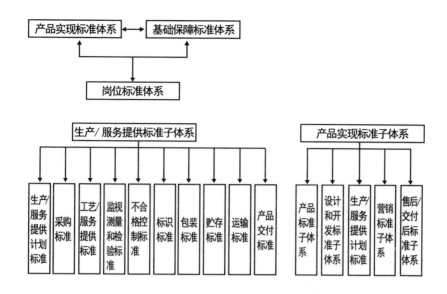

图4.2  2017标准体系结构图

准来规定还是以一个标准来规定，完全取决于标准使用的方便性和管理的便利性。

通过上述分析可以看出，2003版的标准体系模型提出的技术、管理、工作体系模型，将标准分类法当成体系建设的方法，导致很多文件不好归类，或者文件拆分的情况。2009版的标准体系模型提出的通用基础、服务保障、服务提供标准体系架构，有效避免了这一问题。在具体的标准实施过程中，二级子体系里的服务规范、质量控制规范、管理规范、服务质量评价、改进标准等规范文件构建过于详细，给标准编制和使用带来不便。

2017版的标准体系模型引导企业根据企业发展战略，对发展面临的外部环境和内部条件进行分析，梳理出覆盖较全面、符合企业特点和实际的标准化需求，以满足企业经营管理需求为导向建立企业标准体系，确定标准体系结构和标准内容。2017版的标准体系模型从设计到使用显然更具有适用性和实用性，可以让标准化对象更好地根据实际的产品类型实现标准体系的自我设计和完善。不同的标准化对象的现状和客观需求都不尽相同，无论选择哪种标准体系类型，在进行标准体系设计时都应该从自身的实际情况出发，以实现自身的发展战略、满足相关方面需求为根本目标进行自我设计、建立、运行标准体系并持续改进，最终在标准化工作中获得卓越的成绩，实现可持续发展。

## 四、标准体系结构设计

### （一）标准体系结构的设计方法

在设计标准体系结构时，通常会使用标准化系统工程六维模型、工作分解结构、平行分解法、属种划分法、过程划分法、分类法等系统工程理论方法，美国国防部体系结构框架（DODAF）体系结构设计方法在信息化领域深入应用以后，也逐步被引入到标准化领域，被应用到标准体系结构设计中。[①] 下面我们从内涵、适用对象、优缺点等几个方面对上述几种方法进行对比分析。

#### 1. 标准化系统六维工程模型

标准化系统六维工程模型就是对霍尔三维结构进行面向标准化的适应性调整，这个模型对标准体系中的每个标准都进行了多角度的描述，其根本目的是要解决何种情况体系需要使用何种标准的问题。标准化系统六维工程模型适用于标准项目级别和类别的确定。作为标准化系统工程方法论，六维工程模型具有高度的普适性，任何领域和行业的标准体系制定都可以采用这种结构设计模式，但是它无法直接用于标准体系结构的顶层设计，在应用过程中，也需要根据实际工作中的具体情况进行维度选择和改造。

#### 2. 工作分解结构法

工作分解结构法就是通过层次划分将较为复杂的标准化对象的总目标和庞杂的组成成分逐层分解，再将分解后的层级结构映射形成标准体系结构。工作分解结构的设计方法适用于那些层次结构比较清晰但是功能组成较为复杂的系统，特别是那些已经有标准文件规定其工作分解结构的最高几个层次的项目内容系统，比如空间系统、武器系统等。工作分解结构的最大的优点就是对于那些结构已经被标准文件基本固化了的系统来说，标准体系结构的设计比较容易。但是，当标准化对象过于复杂时，工作分解结构容易出现标准界面不清的情况，

---

①李国强，湛希，徐启. 标准体系结构设计模型研究[J]. 中国标准化，2018.

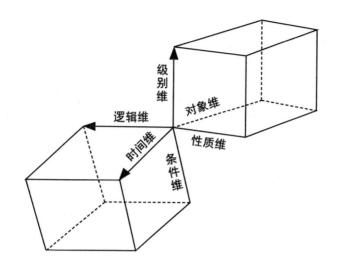

**图4.3 标准化系统工程六维模型**

在使用过程中也容易忽视了标准统一化的基本原则，从而造成通用标准的层层肢解及交叉重复。

3. 平行分解法

平行分解法就是将标准体系依存于标准化对象的层次结构体系进行平行划分，进而演变为整个标准体系结构。与工作分解结构类似，平行分解法也是对那些层次结构较清晰、功能组成比较负责的标准化对象适用。采用平行分解法进行标准体系结构设计时，由于标准化对象结构明确后即可直接展开标准体系结构设计，因此相对于其他设计方法，平行分解法的设计难度是比较低的。这种方法的缺点就在于对标准化对象的结构依赖性比较强，也不利于共性基础标准的提取。

4. 属种划分、过程划分法

属种划分或过程划分法是按照技术领域的特点和规律建立概念或者过程体系结构，用来指导相应的标准体系结构设计。这种方法对专业技术性领域的适用性比较强，比如那些可靠性、维修性等专业工程。属种划分或过程划分法的目标十分明确，用这种设计方法设计出的标准体系结构对技术领域的需求满足度非常高。但是它的普适性不强，往往只局限于属种划分、过程划分方式明确的标准化对象。

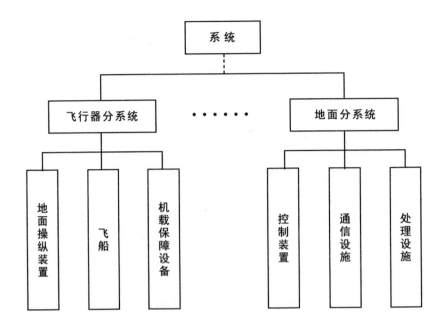

**图4.4 某空间系统层次体系示例**

### 5. 分类法

分类法就是对标准化对象进行分类，通过类别划分直接指导标准体系结构设计和标准项目类别的确定。分类法的适用范围不大而且比较明确，通常适用于零部件、元器件、材料及其制品等分类规则明确的产品。其优点在于标准化对象所需的标准类别明晰，比如产品试验、系列型谱和试验方法等，缺点就是其对于发展的标准体系适用性太低，只适合那些具有明确分类规则的简单产品。

### 6. DODAF（美国国防部体系结构框架）

美国国防部体系框架采用"模型+视图+视角"的思路，完成对标准化对象的结构化描述。这种方法主要适用于军事领域的武器系统和信息系统的设计，当前在一些民用领域也有所应用。DODAF以数据为中心，具有丰富的模型和视图产品基础，但是由于缺乏有效的开发方法，因此实施起来的难度比较大。

通过上述分析，可以看出这几种设计方法的适用性、优点和缺点各有差异，若要考虑实现最优体系结构，可以综合使用不同的标准体系结构设计的方法。从适用范围看，DODAF、标准化系统工程六维模型比较适用于复杂标准化对象的结构化描述、标准级别和类别的确定，而不能直接应用于标准体系结构的设计；工作分解结构、平行分解法、属种划分法、过程划分法和分类法则可直接用于标准体系结构设计；工作分解结构、平行分解法适用于层次结构较清晰、功能组成较复杂的标准体系结构设计；属种划分法、过程划分法适用于专业技术领域的标准体系结构设计；分类法适用于分类规则明确的简单产品。在实际的标准体系结构设计工作中，这些方法的配合使用才能够达到比较理想的效果。从工作时机来看，DODAF 可以作为复杂对象标准体系结构设计的先导步骤，对标准化对象进行全方位分析；工作分解结构、平行分解法可结合起来用于体系结构的顶层设计；工作分解结构、平行分解法、属种划分法、过程划分法、分类法可结合起来用于体系结构详细设计；标准化系统工程六维模型则用于体系结构确定之后的标准项目设计。[①]

（二）标准体系结构设计模型的创建

标准体系的结构设计工作是一项非常复杂且耗时耗力的系统工程，目前标准化领域在对复杂系统的标准化体系结构进行设计时，都会采用工程设计理念作为工作指导。

1. 以系统工程思想为牵引

系统工程最重要的特征之一就是系统性，坚持系统工程思想就是从整体性角度出发对标准体系结构进行设计，使整个结构设计过程始终围绕体系建设目标而发展。对于那些对标准体系结构设计有影响的外部要素和内部要素进行一体化考量，注重分析要素之间的相互影响关系和工作项目间的相互关系，使标准体系结构内部的标准项目之间实现环环相扣可追溯。

2. 从工程设计视角推进

按照工程研制的模式，将标准体系结构设计作为一项工程项目，分别按要求定义、需求分析、产品设计、产品实现、产品验证等系统工程阶段推进。

---

①李国强，湛希，徐启. 标准体系结构设计模型研究[J]. 中国标准化，2018.

第一阶段就是确定标准体系建设目标。也就是工程理论中要求的"要求定义"。这一阶段的主要任务是结合标准化对象的技术体系和标准体系建设依据，对标准化对象的要求进行全面分析，在这个阶段通常采用平行分解法将标准化对象的要求映射成标准体系的建设目标。

第二阶段是标准体系的需求和适用性分析，就是工程理论中要求的"需求分析"，这一阶段的任务是根据上一阶段已经确定的标准体系的建设目标，对标准体系的需求进行分析，并对照需求进行国内外相关领域的标准体系适用性分析。最后结合上述工作，确定体系构建原则。

第三阶段是标准体系的结构设计，就是工程理论中要求的"产品设计"，这一阶段的主要任务是要根据标准化对象所提出的需求、构建标准体系的目标和具体的原则来进行标准体系的构建活动，明确标准体系的层级和结构。在这个阶段可以综合使用工作分解结构、平行分解法、属种划分法、过程划分法、分类法进行标准体系框架的顶层设计和详细设计，最终形成符合要求的标准体系框架。

第四阶段是要明确具体的标准项目，根据要求完成"产品实现"，这个阶段的主要任务是确定标准体系中不同层级和类别，结合对国内外已经使用的标准体系的适用性能的对比分析，来确定标准化对象所需要的标准项目的名称、内容。将分析结论进行反复的修订，最终可以得到标准体系中所有项目的具体明细。

第五阶段是评价和改进初步确定的标准体系，也就是工程理论中要求的"产品验证"。在构建的标准体系已经实施一段时间之后，随着运行的效果、标准化对象的要求和标准体系构建的目的可能存在新的需求或变化。因此，此刻必须要针对初步构建的标准体系进行阶段性的评价。根据评价的结果，对标准体系进行不断改进。只有经过持续评价和改进的标准体系才能够有效保障未来实际应用的效果，才能够获得具备满足标准化对象需求的标准体系。

这里值得注意的是，在标准体系结构设计的实际开展过程中，第三阶段的机构设计工作和第四阶段标准项目设置工作往往是相互替换开展的，形成了一种稳定的构建模式。这种模式或者从"标准体系的顶层"开始自上而下地设计，形成实施的方案并持续了解标准化对象的要求；或者从各个组织部门的具体需求开始自下而上地设计形成框架来反馈使用用户的需求，并持续完善和修改。最终形成标准体系框架结构及说明、标准明细表、体系表编制说明就是通过此过程的数次迭代而形成的。

（三）标准体系结构设计方法的应用

这一部分我们以国际合作卫星标准体系结构设计为例来说明标准体系结构设计方法的应用。首先确定标准化对象是卫星国际合作项目，在对这个标准化对象进行全面分析的基础上，确定该标准体系建设的目标为建设一套具有独立自主知识产权的、新型的、相对完整的、面向国际合作的卫星标准。然后面向卫星国际合作项目中对可公开、高水平卫星研制技术和管理标准的需求，结合国际国外先进宇航标准和国内相关标准体系的适用性分析情况，确定了标准体系应涉及项目管理、产品保证、工程技术等卫星研制的各个方面，覆盖卫星设计、制造、装配、测试和试验、发射、在轨运行等全寿命周期的各个阶段，并确立了"继承性、应用性、开放性、先进性和协调性"的体系构建原则。国际合作卫星标准体系如图4.5。

这个标准体系的建立选择了"自上向下"和"自下向上"相结合的体系构建模式、专业领域的构建维度和三层的构建层级，综合运用工作分解结构、平行分解法、属种划分法、过程划分法等进行了体系顶层设计和详细设计。在标准项目的设置方面，一是通过标准化系统工程六维模型确定体系各板块的标准级别和类别；二是依照"以现有卫星标准为基础，根据项目需求对现有卫星标准进行适应性'修改'，当现有标准无法满足需求时，新制定国际合作卫星方面标准"的思路，迭代开展了现行标准适用性分析和标准需求项目的确立工作。最终形成了包含200余项现行标准及需求项目的明细表。

# 第二节 标准体系表

标准体系表就是将标准体系以图标的形式形象地展现出来。在制定标准体系的过程中，构建者要在一定范畴内将其具体标准根据内部联系进行排列，最终形成了图表。因为标准体系是一个无形的、抽象

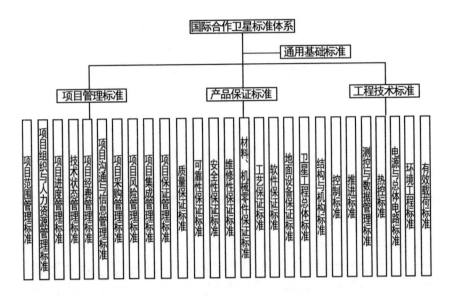

**图4.5 国际合作卫星标准体系图**

的理念，只有通过图表才能够将其具体化地展现出来。

（一）标准体系表的特性

1. 发展指导性

标准体系表是一定范围内标准发展的顶层设计，是体系中所有标准项目都必须贯彻使用的具有方向性和指导性的材料。对于目前的标准化对象的需求和当下使用的标准体系之间的差异，标准体系表的出现恰好体现了这一领域标准未来发展的趋势，进而为改进、修订或者创新建立的标准体系提供了充足的参考依据。[1]

2. 范围性

标准体系表收录的是一定范围内的标准，这些标准项目构成了标准明细表。所有被纳入标准体系中的标准项目和标准单元一定是属于特定范围内的，不属于体系表范围内的标准不能被纳入标准体系表。

3. 整体性

标准体系表是一个统一的整体，它所具有的特性和功能是其组成

①麦绿波. 标准体系的内涵和价值特性[J]. 国防技术基础，2010.

部分的标准或标准群在分散状态下所不具备的，标准体系表作为一个整体的功能大于其组成部分的标准的功能之和。

4. 协调性

标准体系表的外部条件和内部结构都能够体现出协调性。外部协调是指标准体系表与政策法规等上层文件的一致，并且与同层次的其他标准体系表没有出现交叉重复；内部协调是指标准体系表内部各个层次各司其职、配合得当，没有重复交叉、前后矛盾、不配套不协调的情况出现。标准体系表的各个分体系和子体系之间也不能重复或脱节，同一层次的标准应按相关原则进行排列，上下层之间的标准要能够做到互相衔接与互相协调。

5. 开放性

标准体系表是一个不断发展的开放性的有机整体，综合表现了某一行业或领域的科研水平、生产需求、技术发展水平、生产资源、经营管理、法律政策等因素。在标准体系表中内外部因素之间往往是相互影响、相互制约，因一方变化而变化。[①]所以，我们在设计标准体系的标准项目、子体系等的时候，必须留有一定的扩展余地，以便于标准体系表的局部修改。标准明细表可持续地进行增减、更新和变更。

6. 稳定性

标准体系表是未来一段时间内、一定范围内标准化工作的指导，标准体系结构图的总体框架、层级关系、标准明细表中的标准目录在一定时间内需要保持稳定，稳定状态下的标准体系表才能更好地发挥其重要作用。

（二）标准体系表的编制原则

在编制标准体系时，构建者必须要遵循一系列的原则：首先，要保障"明确"原则，应保证符合明确的目标，所确定的目标与编制的标准体系表的覆盖范围和类型等保持一致；其次，要保障"全面成套"原则，所编制的标准体系表中必须保证所有的子体系和分体系都要应列尽列全；第三要保障"层次合适"原则，所编制的标准体系表中每

---

①张军涛. 浅谈标准体系构建研究[J]. 船舶标准化工程师, 2010.

个具体的标准项目都要放在合适的层级和结构位置上，能够清楚地反映出标准之间的结构关系；最后，保障"清楚分类"原则，在标准体系表中的所有子体系或者分体系都要根据行业、专业或门类等活动的具体标准进行清楚的划分。

（三）标准体系表的标志格式和要求

1. 标准体系结构图

标准体系结构图可由总结构方框图和多个子方框图组成，标准体系结构图一般采用表示隶属关系的"层次"关系或线性排列的"序列"关系，也可以是这两种结构相结合；为了便于标准明细表的编写，在标准体系图的每个方框可编上图号，并按图号编制标准明细表。

标准体系结构图内实线或虚线连接相关联的方框；方框间的层次关系和序列关系用实线表示，用虚线表示的是本体系方框与相关标准间的关联关系。

2. 标准明细表

标准明细表用来作为标准制修订规划和编制标准年度制修订计划的主要依据。标准在体系表中的位置和相关信息都通过标准明细表反映出来，标准在标准体系表中的编号、标准代号、标准名称、标准的级别（拟定级别）、实施日期、国内外标准号及采用关系、被代替标准号及采用关系（作废）等都需要在标准明细表中标明。标准明细表见表4.1。

表4.1 标准明细表的一般格式

| 序号 | 标准体系表编号 | 标准代号 | 标准名称 | 标准级别 | 实施日期 | 国内外标准号及采用标准 | 备注 |
|------|------|------|------|------|------|------|------|
|      |      |      |      |      |      |      |      |

3. 标准统计表

标准统计表是按照不同的分类方式对标准数量进行统计，总体上反映标准的分布情况。比如按照国际标准、国家标准、国家军用标准、行业标准、地方标准、社会团体标准和企业标准等不同的标准级别统计，也可以按照现行有效标准、修订标准、制定标准统计，或者按照体系结构图第一层次统计也可以。标准统计表，如表4.2。

**表4.2 标准统计表的一般格式**

| 标准类别 | 有效数 | 修订数 | 制定数 | 合计 |
|---|---|---|---|---|
| 国际标准<br>国家标准 | | | | |
| 国家军用标准 | | | | |
| 行业标准 | | | | |
| 地方标准<br>社会团体标准 | | | | |
| 企业标准 | | | | |
| 合计 | | | | |

4. 编制说明

标准体系表的编制说明一般包括：标准体系表编制的目标和依据；国内外相关标准概况；关于现有标准与国内外先进标准的差距分析；现有标准的薄弱环节，明确工作的努力方向；专业划分的依据及情况；与其他体系的相互关系；需要解决的其他问题。[1]

（四）标准体系表的编制流程

标准体系表的范围和所含标准的类型不同，标准体系表的编制流程也有所不同，这里我们主要对技术标准体系表的编制流程进行说明，其他类型的标准体系表可以参考使用。

标准体系表的编制主要包括确定标准体系范围、调查研究、构建标准体系结构图、现行标准清理、拟制定标准梳理、编制标准明细表及统计表、编写编制说明等过程，如图4.6。

---

[1]兰井志，郑伟. 标准体系表编制的探讨——以矿业权评估标准体系为例[J]. 国土资源科技管理，2015.

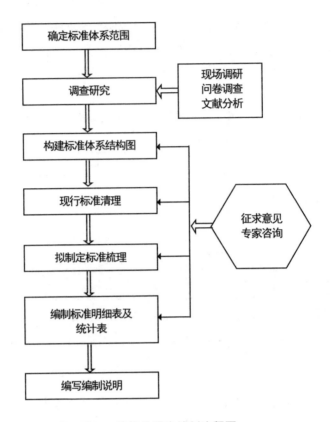

**图4.6 标准体系表编制流程图**

1. 确定范围

编制标准体系表，首先要根据标准体系表的编制目标，从多个层面确定标准体系表的范围。比如从标准级别层面，确定标准体系表是否包含国际标准、国家标准、行业标准、企业标准；从领域层面，确定标准体系表包含哪些领域的标准等。

2. 调查研究

当标准体系表明确了编制范围和目标以后，就要展开有针对性的调查研究。调查研究包括现场调研和资料调研两种方式。现场调研的对象应广泛、全面，包括行业具有代表性的各类单位。

3. 构建标准体系结构图

标准体系结构的图形化结果就是标准体系结构图，它是标准体系表编制的顶层文件。标准体系结构图与标准体系表的编制目的密切相关，通常按照系统、领域、流程等进行设计。标准体系结构图不能少于三个层次，而且要按照要求逐层细分。常用的结构图是按照企业、产品（服务）、过程等划分的序列状标准体系结构图。

4. 现行标准清理

通过调研，掌握现行使用的标准清单，开展对现行标准的梳理、分析，并对每项标准提出处理意见。现行标准的清理工作主要包括标准分析和提出处理意见两个阶段。在标准分析阶段，要求从现行标准的必要性、协调性和适用性三个方面对现行有效标准进行逐项审查，审查的内容包括：现行标准是否符合重复使用和共同使用的标准化基本原则；标准名称是否与范围和内容相同；标准是否得到有效实施；标准是否同其他标准重复、交叉或矛盾；标准的内容是否适应当前技术水平的需要；标准所提要求和技术指标是否科学合理正确可行；是否能够满足实际需要等。

在提出处理意见阶段，要根据标准分析的结果提出对每项标准的处理意见，包括："有效""修改""修订"和"废止"。"有效"表示标准具备必要性、协调性和适用性，能够反映当前的科学技术水平和实践经验，符合国家的法规政策，适用于当前发展需要，可以继续使用。"修改"表示标准具备必要性和协调性，有非实质性内容需要更改，但要修改的内容并不多，在文字表述、要求、指标等方面稍做更正、修改、补充或删除即可。"修订"表示标准具备必要性，但在协调性或适用性方面存在一定的问题，需要做实质性的内容更改，而且修改的内容比较多。需要修改的内容可能包括不能完全适应发展需要的标准内容、与国家法规政策不相适应的标准内容、与其他标准交叉、重复或不相协调的标准内容以及结构有缺陷影响标准实施的标准内容等。

5. 拟制定标准梳理

根据调研得到的标准需求，结合现行标准的结果，编制拟制定标准明细表。分析标准需求的紧迫程度，编制拟制定标准的编制时间。

6. 编制标准明细表及统计表

将清理后的现行标准和需求标准梳理后的拟制定标准，纳入标准体系结构中各层次的模块中。按照设计的标准体系表的编号规则，对每一项标准进行体系表编号。各模块的标准应排列有序，一般按照国际标准、国家标准、国家军用标准、行业标准、地方标准、社会团体标准和企业标准的顺序排列，同一级别标准按照有效、修改、修订、制定的顺序排列。编制标准明细表后，对体系表中的标准进行统计，标准统计表的表头可由标准级别、应有标准数、实有标准数、实际贯彻标准数、采用国内外标准数、标准覆盖率、标准贯彻率等栏组成。

7. 编写编制说明

标准体系表编制说明是标准体系表使用的说明性材料，包括标准体系表的编制背景、标准体系表的目标、标准体系表的编制原则和编制思路、标准体系表结构说明以及标准明细表使用说明等内容。[①]

综上，标准体制表编制后需经上级业务部门或领导审查批准后发布执行，标准体系表在使用过程中要进行动态维护，定期更新，适时修订。

# 第三节 标准化的宣传对策

2018年1月1日，新《中华人民共和国标准化法》正式实施，标志着我国标准化工作迈入了新阶段，在习近平新时代中国特色社会主义思想的指引下，标准化宣传工作也受到了社会各界普遍的重视。究其原因，一方面是因为宣传是展示工作成效、介绍工作职能、塑造外部形象的重要方式，能够为我国标准化工作的开展和标准化战略的实施创造一个良好的舆论环境，另一方面是因为宣传也是对标准化工作者的一种有效激励，能够有效地使工作积极性得到提高。

## 一、目前标准化宣传所面临的问题

### （一）意识欠缺

"重业务轻宣传"是当前标准化领域普遍存在的一个现象，宣传

---

① 常颜芹，刘洋.GBT 13017—2018《企业标准体系表编制指南》解读[J]. 机械工业标准化与质量，2019.

工作求数量不求质量，未给予宣传工作高度的重视和足够的认识，以至于很多地区标准化的宣传工作或被消极对待，或被削弱甚至边缘化。宣传是推行标准化的重要手段之一，标准制定得再好，如果不宣传推广应用，也会失去其生命力，影响标准技术支撑作用的有效发挥。

（二）人才缺乏

目前在标准化宣传队伍还十分弱小，普遍缺乏相对固定的、专业性强的标准化宣传的人才的难题。标准化工作的宣传力量主要是各个领域的标准化工作者，他们的主要业务领域是标准化建设而不是宣传，他们大都是在需要才不得不承担起宣传工作。由于没有接受过系统的宣传培训和学习以及有针对性的写作训练，宣传所取得的效果十分有限。

（三）形式单一

标准和标准体系本身就是非常枯燥乏味、晦涩难懂的知识，而当前的标准化宣传语言基本上还停留在技术文字的描述上，很难引起受众兴趣，宣传效果差；标准化宣传的渠道也局限在相关行政主管部门的官网和官方账号上，宣传手法以文字报道为主，宣传的内容多是政务信息的公开，视频类动态宣传更是少之又少，这种方式下的报道的及时性、实效性都很差。此外，当前情况下我国标准化的宣传方式多为单向传输，缺乏有效的双向互动，也缺乏畅通的宣传效果与反馈渠道，这种情况是十分不利于标准化宣传工作的持续优化改进。

（四）重点模糊

标准体系是个技术性很强的领域，较强的专业性使得它并不能引起社会大众的关注兴趣，如果不结合不同地区的受众的差异性进行有效宣传，必然会导致标准化宣传针对性不强，重点不突出的后果。标准化的宣传内容多为行踪性信息，常规性业务工作以及会议、培训、调研等活动，这些方面的信息对标准化工作本身是具有指导意义，但是对社会宣传价值的政策解读等实质性内容的宣传则没有指导性。

## 二、标准化宣传的对策

### （一）提高重视程度

宣传是否能取得成效，直接取决于对其认识和重视的深度和程度。目前我国一线城市中广州的标准化宣传对策就非常值得推广。广州市成立了以分管处室领导为组长的宣传小组，专门负责广州市标准化管理工作的年度宣传计划制订和月度政务信息报送数量，并且负责监督严格落实。广州的标准化宣传工作切实做到了有人抓有人管，不仅职责清晰，而且效率很高。其次是在日常业务工作中，广州市非常注重对标准化亮点工作的宣传素材积累，基本上做到了业务和宣传两手抓。最后是在人力、财力、物力等方面，广州市给予标准化的宣传工作非常大的支持，设立了质量发展和标准化战略专项资金，鼓励企事业单位积极开展标准化宣传，得到了社会各界的广泛支持。

### （二）加强人才建设

在任何领域人才都是第一资源。一线工作人员的素质决定着标准化宣传的质量，因此一支业务精湛的标准化宣传队伍才是推动标准化工作纵深发展的重要力量。在这个方面，广州远远走在了其他地区的前面，广州一方面推动建立有效的学习机制，通过业务理论学习的方式提高标准化宣传人员的业务水平。仅2018年一年间，全市就累计举办新《中华人民共和国标准化法》宣贯会32场，并且在相关单位组织了标准化基础知识、国际标准、团体标准等专题培训5场，这些活动很好地普及了标准化工作新理念、新举措，极大地提高了标准化宣传人员的业务素质。另一方面，广州市对标准化宣传人员的系统化教育培训也给予了高度重视。2018年组织新闻信息培训2场，邀请市政府信息工作有关负责人指导传授宣传写作技巧，极大地提高了标准化宣传人员的写作能力。

### （三）突出宣传重点

标准体系的构建和标准化工作的展开涉及社会生活的各方各面，标准化宣传不可能面面俱到，但是要做到重点突出。这就要求标准化的宣传一方面要考虑到群体需求的差异性，如针对企事业单位，宣传的重点应该放在标准文本的宣传与贯彻，强调标准落地实施的重要性；在针对有关行政主管部门时，宣传的重点则应放在普及标准化理念，增强政府工作人员对标准化的重视程度；针对社会大众，宣传的重点应该是普及标准化知识，以让标准深入生活为活动目标，力争在全社会形成浓厚的标准化氛围。另一方面也考虑到地区的差异性。如广州立足于自身作为超大城市的发展现状，在全国率先开展国民经济和社会发展规划、城乡规划、土地利用总体规划"三规合一"，发布实施全国首个地方标准《"三规合一"技术规程》，推动广州"三规合一"标准化经验辐射到三十多个城市，并承担国家标准《市县域多规合一编制工作规程》的研制，广州经验在全国得到持续应用推广。

### 1. 创新宣传方式

标准是一种规范性文件，不采用通俗易懂的语言和喜闻乐见的方式是很难被普通群众所接受的，选择"接地气"的语言和讲述方式，辅以事实案例的讲解能够极大地增强标准化宣传的有效性和说服力。比如广州率先尝试试点宣传，组织全市179个养老机构到广州市老人院国家级养老服务标准化试点进行实地参观学习。在全市推广这个新的宣传方式取得的经验，从实际效果来看，广州市全市的养老服务质量都得到了提升，并且明显增强了社会对养老标准化工作的认知度和认可度。广州市的《人行天桥、立交桥绿化种植养护技术规范》已上升为国家标准《人行天桥、立交桥绿化技术规范》并即将发布，这些标准化工作让广州市的高架桥、人行立交桥花卉惊艳全国，让全国各地人民都通过直观感受认识到标准在支撑城市绿化等方面的积极意义。

### 2. 丰富宣传渠道

第一，根据广州经验，可以开展"送标准进党校、进社区、进学校"系列活动。如广州市委党校开设《标准化战略与应用管理》课程，让公职人员认识到标准化在提高效率、规范行为、规避履职风险等方面的积极作用。

第二，充分发挥出城市标志性建筑的巨型宣传效益。如广州举办2018年世界标准日主题活动，促成"标准闪耀广州塔"公益专题宣传，利用"城市新地标"扩大标准化宣传覆盖面。

第三，争取更多的标准化宣传主体，标准化行政主管部门与各有关行政主管部门、新闻媒体联动，构建其多元化的立体宣传格局。如广州市城市管理综合执法局召开新闻发布会，邀请广州市市场监管局、广州市工业和信息化局、广州市旅游局等有关政府行政主管部门共同为《公共厕所建设与管理规范》更好地落地实施进行宣传，在全社会引起很大反响。

　　无论如何，标准化宣传要取得显著的成效并不是一朝一夕就能实现的，它是一项长期性的工作，当前我们要坚持以习近平新时代中国特色社会主义思想为指导，综合协调各方，以新标准化法的宣贯为契机，不断创新宣传手段，推动标准化宣传工作出新出彩。

# 第五章

# 国内外标准体系之比较

# 第一节 标准体系以及标准化的战略地位

## 一、标准化的重要性

标准体系是标准化工作的主要依据，它体现在企业、行业之间，也体现在国家之间。目前，通过标准化来增强国际竞争力已经成为一种被公认的、重要的手段。以标准促进产业增值、增强行业的控制能力和提高国家整体的核心竞争力是发展的趋势，所以，标准化发展成为增加价值的最高端。

对于类似信息产业、新型材料研发、新型能源研究等新兴的战略化发展的产业来说，追求更高要求的"标准"逐渐成为更多国家、区域和组织的发展主流，并上升至国家战略的高度。20世纪末和21世纪初，在经济全球化的推动下，国际上出现了一股"标准化战略热"，一些区域性国际组织如国际标准化组织（ISO）、国际电工委员会（IEC）、欧洲联盟（EU）和美国、加拿大、日本、英国、法国等国家都发布了标准化战略。

首先，世界经济的全球化决定了标准化的重要程度。在经济全球一体化的今天，不同国家之间已经在无形中组成了世界经济新体系，并在互相促进的发展过程中出现不可避免的国际化竞争。在国际经济竞争发展中，跨国经营和交易引发了商品、资金、技术和信息在全球不同国家之间流动和变化，进而实现每一个国家或地区自身的利益最优化的目的。这种不断经营和交易的趋势对不同国家的不同行业发展提出了标准化发展的要求，使之成为经济全球一体化的必须基础条件。所以，在国际竞争的关键时期，只有实现标准化、通用化，才能保证各种资源高效有序地流动，并使国家与国家之间可以形成良性的、规范的、有效的竞争秩序。

其次，全球经济贸易的具体规则规范彰显了标准化的重要程度。在全球化的经济交易活动中，必须要建立全面又健康的秩序。在这一秩序建立的过程中，国际化标准必不可少，且绝对不可以被替代。国际标准往往是由国际标准化机构必须能够公平、公正和透明地选取代表性的理由。此刻，国际化标准是在国际范围内实施的最有效规则。这种有效规则必须是在参与此类贸易的所有参与机构协商一致之后，互相协调，保证了公开和开放之后才实现的。与之类似的是关税和配额等多个贸易单元在国际标准领域范围内体现的主动效果。当这个国家的交易规则能够给各个国家更严格的交易底线时，标准化可以为企业争取到最大的主动权，进而给国家的发展和自身的经济发展带来了许多的便利和支持作用。也正是因为如此，世界各国在参加国际标准化组织、参与国际标准的制定方面都积极行动起来，它们都想在制定国际标准时取得尽可能多的发言权，进而在全球贸易竞争中占据主要位置。

再次，一个国家如果希望提高产品的质量，则首先要认识什么是竞争力和国际竞争力，并进一步了解和肯定该标准体系的重要性。因为全球范围的经济发展，推动了国际产业结构的快速调整，使标准和标准化发展成为国际竞争的关键力量。在参与国家之间的经济竞争时，国家竞争力的设计是智慧的竞争，也是国际标准和发展的趋势。所以说，国际产业竞争力对于国际竞争而言具有非凡的意义。在这一方面，当国家产业竞争力被各个国家视为国际竞争的重要力量之后，才会认识到其竞争的根本核心是国际标准，进而在进一步研究标准、控制标准、成为行业规则制定者上加大投入力度。由此可见，国际上不同国家的产业实力之争就自然转化为了不同国家的同一产业所能够达到的标准之间的竞争了。

最后一点，人们在日常消费的过程中所表现出来的价值观也与标准有着十分重要的关系。因为，在经济全球化的交易活动中，很多国家都表现出对人类生存的环境和身心健康发展等方面的关注。这是一种新的消费观念，即合理利用资源、实现可持续发展，不同消费者群体对产品性能的不同需求都对各行各业的标准体系和标准化工作提出了新的要求。这种情况下，许多国家明确了标准化的发展方向，在公共安全、人体健康和环境保护方面更是不间断地完善标准体系，加大标准制定强度，体现"以人为本"的建设原则。

## 二、各国标准体系和标准化战略的共同点

### （一）对管理体制建设和运行机制建设高度重视

标准体系的管理体制和运行机制是国家标准化战略得以顺利实施的根本保证。发达国家一般都是自下而上地通过政府授权推动民间标准化管理机构来负责国家标准化工作的，而这方面日本表现得与其他

发达国家不太一样，是自上而下的管理。所以日本的标准化战略措施相当于在很大程度上加强了政府的宏观调控，让各部门、科研机构、产业界在标准的制定和标准体系的构建过程中充分发挥其优势和积极性。另一方面，美国、英国等其他发达国家则首先体现出了标准化管理体制和运行机制的市场性和灵活性，政府则是在此基础上发挥其宏观调控作用。

### （二）保持参与或主导制定国际标准的高度积极性

参与国际标准化活动特别是主导国际标准的制定已经成为各个国家和组织的重要活动，因为这是在国际标准化领域内获得具有实质意义的主导权的重要前提。美国的标准化战略核心就是"加强国家化标准活动——使国际标准反映美国技术，并承担更多的ISO、IEC秘书处"；加拿大则将积极参与国际标准的制定作为其标准化战略的首要要素。

### （三）寻求多种途径建立国家、区域标准化联盟

当前国际社会上关于国际标准的制定规则是"一国一票制"，这就意味着即使拥有超强的经济技术实力，没有足够的得票也无法取得国际话语权，而各个发达国家在参与国际标准制定的竞争中也是有争有和。要在这种情况下加强竞争力，建立国家或区域间的标准化联盟就成为重要举措之一。欧洲标准化委员会（CEN）就利用其成员国众多的优势建立起了强大的欧洲标准化体系；日本也努力尝试着联合多个亚洲国家建立亚洲区域标准联盟，以帮助日本将其标准推向世界；美国也在不断地争取更多与其他国家的政府标准化机构和标准化团体结成联盟，为的是要确保国际标准化机构能够更多地采纳其标准化提案。

### （四）加强协调科技开发和标准体系研制政策的力度

标准化与科技研发密切相关，各国在这一点上也都取得了共识，基本都是为了实现协调标准化体系和产业技术创新之间的关系这一目的，不断实施一些行之有效的管理措施。其中，美国就将"是否全员参与标准化工作中"这一指标作为考核科研人员的工作业绩的主要影响因素，而欧洲的很多国家则采用财政拨款的方式大力支持标准化研究的系列工作项目。

### （五）加强标准化普及的宣传教育力度

一个国家的每一名公民是否能够意识到标准的重要性是国家实施标准化战略发展的重要影响因素之一，加强标准化的宣传推广，可以非常直接、非常有效地提高本国公民采用标准的意识。比如英国为普及宣传标准化而专门编写了指导教材，用于系统地介绍标准体系和标准化工作的相关知识，并将其作为正式的课程纳入国民教育中；美国大学的商业、工程和公共管理课程中也收入了标准化内容，美国同时还对各级政府人员也制订并实施了非常有针对性的标准化培训计划。

### （六）刺激产业界积极参与国际标准化活动

作为市场的主体，产业界是国际标准竞争中重要的利益相关方，它参与国际标准制定的积极性和程度，往往对国际标准竞争的成败有着直接的影响。正因为如此，世界各国都在积极出台政策刺激产业界参与国际标准制定的积极性。日本建立起了企业和跨行业国际标准推进机制，为产业界参与国际标准化创造良好的氛围，并大力帮助其扩大活动范围；英国则建立了一个企业联络网，通过这个网络了解国内中小企业的标准化需求，协助它们寻找解决办法，制订解决方案，帮助中小企业解决标准化问题。

### （七）加大国际型人才的培养力度

目前各国都将培养国际标准化人才作为实施标准化战略的关键，国际标准化人才通常都是具有较高素质的复合型人才，既要具有扎实的专业知识和外语水平，还要具有较强的语言表达能力和沟通能力，他们要对相关领域内的企业和产业发展态势有了解，更要对国际标准化组织的工作流程和原则非常熟悉并且有着深刻的理解，并对世界各国政府的标准化政策和标准化战略都能够有充分的认识。培养这样的人才并不容易，过程也不是一蹴而就的，当前国际上的一般做法是通过MOT教育来实现人才培养，美国的多所院校都设立了MOT硕士课程，其他国家也在加快这方面的建设进程。

### （八）为标准化活动中投入大量资金

充足稳定的资金是标准化战略实现平稳推进的有力保障。为了有效推动并最终实现标准化战略，各国或组织都加大了对标准化活动的政策支持力度和资金投入。欧盟和欧洲自由贸易联盟为欧洲标准化委员会（CEN）提供了49%的资金；日本政府则建立了标准化活动专项基金；美国、英国等国家也明确提出在立法和财务上对标准化工作加大支持。[①]

**（九）以信息化手段提高标准体系的构建效率**

信息技术的发展使社会生活生产变得高效，信息化手段深入标准化领域大大提高了各国制定标准的效率。法国提出要充分利用新信息技术实现标准体系内部结构之间的协调运作，用信息化技术发布预期信息和实施预警系统；日本更是要在工业标准化过程中全面实现电子化，在其国内审议国际标准草案或者给予相关答复等系列工作流程都已经全面实施电子信息管理。

**（十）强调对"事实标准"的尊重和认可**

所谓的"事实标准"是在产业市场竞争过程中逐渐形成的基本认可的产业发展标准。这样的标准在权威性和强制实施性方面略逊于法定标准，但是确实是通过对市场竞争的实际掌握而形成了"指导"价值。事实标准也因此有着十分机动的灵活性和强大的生命力。"协会标准""论坛标准""合作体标准"都是"事实标准"的表现形式，这里所说的"协会"和"论坛"是有着共同利益和需求的企业在特定技术领域内自愿组成的，这种形式的标准化组织是比较松散的，而"合作体"则是相对来讲比较紧密的一种标准化组织，多以企业联盟的形式组成，比如企业标准联盟。近年来"事实标准"在国际标准化领域十分活跃，因此各国都对"事实标准"高度重视，并积极采取措施推动企业联盟的形成，以此来达到提高产业竞争力的目的。

**（十一）不断提高标准体系的市场适用性**

市场适用性决定了标准体系能够满足需求的程度，因此世界各国为提高标准体系的适用性都在不断地做着努力，使标准和标准体系能更加有效地反映市场和客户的真实需求，进而使标准体系在产业发展中继续得到有效的贯彻和实施。许多国家都按照标准体系的不同用途

---

① 邝兵. 标准化战略的理论与实践研究[D]. 中国博士学位论文全文数据库，2011.

和不同特性确定了不同的标准制定主体。例如，当国家组织制定的标准体系涉及社会公共基础层面时，负责主导该产业标准制定的产业部门则会充分考虑该产业科研机构代表、消费者代表等对标准制定的要求和意见。这样的设计过程形成的最终标准体系必然能够表现出较高的科学性和市场适用能力。

（十二）大力建设标准体系测试的基础设施

对于标准化工作而言，标准体系的测试是其制定过程中最重要的环节，而进行标准体系测试所需要的基本设施和设备则是关系该标准体系是否能够正常运行的关键因素。经济全球化发展进一步促进了国家对标准化工作的重视，实际上也对标准化体系测试和认证工作所需要的基础设施的建设提出了更高的要求。目前，在ISO和ICE的标准化战略中都以实现"一个标准、一次检测、全球接收"作为测试和认证标准体系的基础设施的建设目标。

# 第二节 部分国家和国际组织的标准体系和标准化战略

## 一、ISO 的标准体系和标准化战略

ISO是国际标准化组织的简称，成立于1947年，是标准化领域的一个国际性非政府组织，我国是ISO的正式成员，代表中国参加ISO的国家机构是中国国家标准化管理委员会。ISO已经发展了165个成员（包括国家和地区），当今国际上绝大部分领域内的标准化活动都由ISO负责，ISO的宗旨是"在世界上促进标准化及其相关活动的发展，以便于商品和服务的国际交换，在智力、科学、技术和经济领域开展合作"[①]。其最高的权力机构是每年一次的"全体大会"，中国在2008年10月召开的第31届国际化标准组织大会上正式成为ISO的常任理事国。ISO的参加者包括各会员国和地区的国家标准机构以及主要工业、服务业企业，是目前世界上最大的非政府标准化专门机构。

---

①王玉梅. 参加ISO / TC61 2003年马斯特里赫特年会汇报[J]. 玻璃纤维，2004.

标准的内容涉及的范围十分广泛，ISO 的主要功能就是在制定国际标准时提供一种达成一致意见的机制。ISO 通过其分布在世界各地的 800 多个技术委员会和分委员会已经发布了 17,000 多个国际标准，其中最有名的就是 ISO 质量管理系列标准。

ISO 是当今世界上影响最大、权威性最高的标准化机构，为了更好地适应经济全球化国际贸易对标准化的客观要求，ISO 在不同阶段已经发布了三个标准化发展战略。第一阶段是在1999 年初发表了《进入新世纪——1999—2001 战略》的工作手册，它在总结经验、分析机遇和风险的基础上列出了 ISO 的五项新战略：继续增强ISO 的市场关注力；促进ISO 体系及其标准的发展；最大优化使用资源；增强发展中国家的标准基础设施。第二阶段是在2002 年发布的《21 世纪战略》，以为全球商品和服务交易建立公平、坚固的基础为宗旨，指出在2002—2004 年间的五项发展战略：加强ISO 的市场性；加强ISO 的国际影响和各类机构认可；加大宣传ISO 及其标准的力度；优化资源利用；支持发展中的国家标准化团体。第三阶段是在2004 年发布的《ISO 2005—2010 战略计划》，将总目标定为"一个标准，一次检验，一个合格评定程序，全球接受"，并提出了三项全新的发展战略：全球贸易便利化；改善质量、安全、保障、环境和消费者保护状况并优化自然资源的合理利用；技术和良好惯例的全球共享。此外，这次的战略发展中还提出了要"通过增强发展中国家对国际标准化和相关活动的意识和参与来支持和促进其准入世界市场、技术进步和可持续发展""扩大新成员，优化老成员"等措施要求。

## 二、IEC 的标准体系和标准化战略

IEC 是国际电工委员会的简称，成立于1906 年，主要负责有关电气工程和电子工程领域内的国际标准化工作，是世界上成立最早的国际性电工标准化机构。IEC 以促进电气、电子工程领域中标准化及有关问题的国际合作，增进国际间的相互了解为宗旨。目前，IEC 成员已经达到173 个，工作领域也已经从单纯研究电器设备、电机的名词术语和功率等问题扩展到了电子、电力、通信、视听、机器人、信息技术、新型医疗器械和核仪表等电工技术的各个方面，世界市场中有35% 的产品涉及了IEC 标准。我国于1957 年加入IEC，现在代表国家参与IEC

工作的是国家标准化管理委员会，2011 年召开的第75 届IEC 理事大会上，中国正式成为IEC 常任理事国。[①]

IEC 标准有着世界公认的权威性，世界各国有10 万名左右的工作人员参与过IEC 标准的制定和修订工作，到2018 年年底，IEC 已经发布了10771 个国际标准。IEC 与ISO 使用共同的技术工作导则，遵循共同的工作程序，使用共同的情报中心，为各国、各地区及国际组织提供标准化信息服务。[②]但是不同于ISO 的分散型工作模式，IEC 采用集中管理模式，所有发布的文件都是由IEC 中央办公厅负责管理的。IEC 于2000 年和2006 年分别发布了《总体规划》和《IEC 发展纲要》，提出"标准和合格评定程序——打开国际市场的金钥匙"的总体战略目标，并将主要任务确定为：将标准作为战略工具，保持和提高标准以更好地满足市场要求；同商业、政府和相关国际区域组织加强合作；提高工作效率和透明度，公开IEC 组织机构和工作过程。

### 三、WTO/TBT 的标准化政策和原则

WTO/TBT 是1995 年实施的世界贸易组织贸易技术壁垒协议，它对标准体系和标准化政策做出了以下规定。

（一）如果已有相关国际标准，各国在制定技术法规和标准时应以国际标准为基础。

（二）各国负责制定技术法规的政府相关部门和标准化机构有义务将标准化内容通报给秘书处，以确保标准的透明度。WTO/TBT 委员会在2000 年发布的《国际标准制定的有关原则》中指出，在某些特定标准的制定上，国际标准不得优于特定国家或区域的特点或要求；多级标准不得妨碍公平竞争，更不能对创新技术进行制约。这些标准化政策对国际标准化组织、国际区域性组织和世界各国的标准体系建立和标准化工作的发展方向起到非常重要的指导作用。

### 四、部分发达国家的标准体系和标准化战略

（一）美国

美国的标准体系与大多数国家自上而下的集权式标准体系不同，它

---

① 宋雯. IEC 简史[J]. 中国标准导报，2013.
② 修立. 谈谈ISO9000[J]. 铁道知识，2002.

是以分散、独立的民间形式为主导的。在目前美国的600多个独立的标准制定机构中，大部分是存在着竞争关系的民间标准制定机构，在国际上有着重要地位的就多达20多家。这种民间力量的强势使美国政府能够不断汲取民间智慧创造的高质量技术标准，让政府的公共管理高效有序。

美国的标准化水平堪称世界翘楚，世界上最早的标准化机构如美国电气与电子工程师协会、美国机动工程师协会、美国保险商实验室等均诞生在美国，美国的标准体系得益于其雄厚的经济技术水平、高度的市场化和崇尚自由的传统，成为世界上独一无二的独立、复杂、民间主导的标准体系。1996年颁布的《国家技术转让和进步法（NTTAA）》承认美国标准体系以标准制定机构、行业、政府之间的沟通合作为基础，要求各政府机构及其工作人员都要履行参与国内外标准活动的职责，要尽最大可能消除政府自行制定标准的现象。

在NTTAA规定的这个体系下，国家标准与技术研究院负责协调、指导、监督联邦各级政府相关部门的标准化活动，并拥有法律地位，国家标准与技术研究院下属的标准政策跨部门委员会负责协调联邦政府各相关部门更多地采用资源协调一致标准，NTTAA的颁布使标准政策跨部门委员会的协调工作具有了法律依据。此外，标准政策跨部门委员会还邀请标准制定机构共同协商解决交叉问题，并制定解决共性问题的战略。[①]美国标准体系结构，如图5.1所示。

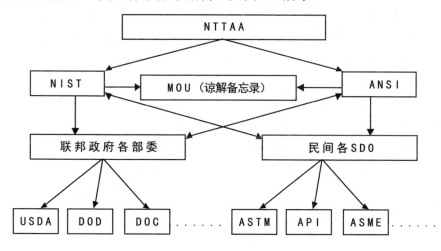

5.1 美国标准体系结构图

①邢建全. 谈标准化改革情形下团体标准的地位与发展[J]. 大众标准化, 2018.

注：NTTAA：《国家技术转让和进步法 》

NIST：国家标准与技术研究院

ANSI：美国国家标准的批准机构

SDO：标准制定机构

USDA：美国农业部

DOD：美国国防部

DOC：美国商务部

ASTM：美国材料与试验协会

API：美国石油协会

ASME：美国机械工程师协会

在这个体系中，ANSI 是美国官方认可的民间标准机构协调中心，它本身是非营利性的民间组织，没有强制执行的能力，不制定技术标准，仅发挥协调机构和信息交换平台的作用。美国SOD 的数量虽然众多，但均为行业组织，重叠交叉的情况并不常见，一旦出现了技术标准的重叠，则由ANSI 进行协调。总之，NTTAA 是美国标准体系的法律基础，ANSI 是美国标准体系的支柱，而以NIST 为代表的众多政府部门就是该体系的重要组成部分。

美国的标准化战略以加大参加国际标准化活动力度，推进与科学技术发展相适应的标准化体系，提高美国的国际竞争力以及为美国带来安全、优美与健康的环境为宗旨。

在国际竞争日趋激烈、国际贸易急剧增长，安全、健康以及环保要求日益提升的情况下，国内外标准化环境都发生了很大变化，美国的标准化体系面临着严峻的挑战。[1]欧盟（EU）在本区域和ISO、IEC、ITU 的标准化渗透都非常积极，而且取得了很大的成功，发展中国家大量采用国际标准为本国使用，但是ISO、IEC 的某些领域内的标准却没能将美国的技术和需求反映出来。

美国希望在几个重要的技术领域重点开展ISO、IEC 工作，在其他所有的标准化活动中也要保持参与的积极性并做出贡献，要制定出更多能够反映美国技术的国际标准。扩大消费者代表参加标准体系的制定和标准化工作，以全面满足安全、健康、环保方面的标准化需求，提高美国国内技术标准的适用性。

---

①张明兰，蔡冠华. 美国标准体系及其对公共管理的支撑[J]. 质量与标准化，2012.

（二）日本

日本的标准体系由四个方面构成，国家级标准、专业团体标准、政府部门标准和企业标准。国家标准包括JIS、JAS和日本医药标准，国家标准是日本标准体系的主体，其中又以JIS最具强制性和权威性；日本的专业团体标准数量不多，是由数百个受JISC（日本工业标准调查会）委托的专业团体，协助JISC工作，承担JIS的起草和研究工作；政府部门标准主要包括安全标准、环保标准、军工标准、卫生标准等涉及国计民生的重要领域标准，这些标准都带有强制性；企业标准是根据国家标准化法律法规，由企业制定的适合企业内部工作的一系列标准。[1]

日本在20世纪50年代提出了质量立国以后，始终将标准化作为质量管理的重要基础，对技术标准化、管理标准化、工业标准化都给予了充分的重视，特别是在企业标准化工作方面已经走在了世界前列。2001年，日本提出了"技术标准立国"的战略思想，确定了标准化战略的重点课题、领域、策略和措施。

日本将信息技术、环境保护、制造技术和消费者利益作为标准化战略的重点领域，重点确保标准的市场适应性和即时性，加强标准化政策的研发和政策的协调统一性，以增强日本标准在国际市场上的竞争能力。

（三）德国

德国的标准体系由国家标准、团体标准和企业标准三级标准组成，这三级标准都是自愿性标准。国家标准由德国标准化协会（DIN）制定，德国标准化协会将国际标准和欧洲标准划为DIN标准后纳入德国国家标准体系。截至2016年年底，DIN一共发布了22,884项国家标准，1363项技术规范。德国的团体标准主要包括协会标准和联盟标准两种，协会标准由德国国内的各行业协会自行制定发布，可对外公开，但主要在协会成员内部使用。目前德国大约有200多个行业协会制定并发布了自己的标准，德国的团体标准和企业标准不受德国政府和DIN的统一管理，属于市场行为，无须向政府备案。企业标准由企业制

---

[1]金雪军，潘海波，何肖秋. 中外标准组织体系比较[J]. 浙江经济，2004.

定，适用于企业内部，不对外公开，也不需要向德国政府和DIN备案。技术规范是DIN发布的一种特殊的标准，不纳入国家标准体系但是不能与国家标准相冲突。技术规范主要由科研机构主导，要求所有相关方，如中小企业、科研组织以及企业等都参与制定，但不要求达成一致。德国的标准体系，如图5.2所示。

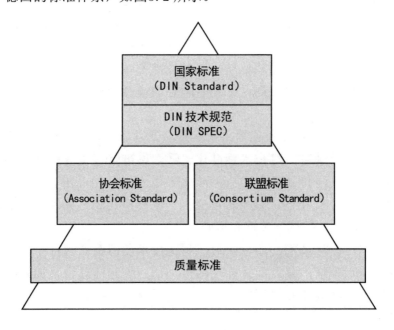

5.2 德国标准体系图

为了更好地应对经济全球化带来的挑战，2005年德国国家标准化机构首次发布了德国标准化战略，并于2010年进行了相应的更新和调整。德国标准化战略阐述了德国标准化未来的发展方向，德国在激烈的国际竞争中始终保持世界领先工业大国地位，与其标准化战略的有效实施有着密切关系。德国标准化战略的主要目标为：标准化保证德国作为经济强国的地位；标准化是支撑经济和社会取得成功的战略工具；标准化减轻国家立法工作负担；标准化及标准化机构促进技术整合；标准化机构提供有效的程序和工具。[1]

---

[1]陈展展，黄丽华. 德国标准化发展现状及中德标准化合作建议[J]. 标准科学，2018.

# 第三节 国内外标准体系比较

## 一、发达国家标准体系的特色

通过对一些发达国家标准体系的分析，不难发现发达国家都十分强调标准体系的市场适用性。在政治格局不断变化、全球经济飞速发展的今天，国家利益已经与标准体系紧密地联系在了一起。此刻的标准体系必须要能够及时、准确、真实地体现出产业市场的发展需求。所以，强化标准的制定和实施也必须要与产业技术研发保持一致的步伐。所以，很多发达国家为了最大限度地使本国的经济利益得到保护，在科学技术研发的初期就完成了与之配套的标准化战略方案。由此可见，国家对标准体系和标准战略工作的依赖程度越来越高，同时对环保、安全、健康等公共领域内的标准化工作给予了高度重视，充分意识到标准在经济发展和稳定社会等方面起到的重要作用。发达国家的标准体系具有非常明显的国家特征，与本国的标准体系和管理框架密切联系，充分体现产业优势，切合本国实际。

目前，西方发达国家实施的标准体系已经能够做到全面符合市场经济发展的规律和要求，其标准化框架体系也已经深入到社会管理和产业发展的方方面面。国家实施的标准战略中，标准为法律提供技术支持，成为产品检验、合格评定、质量体系认证、契约合同维护以及贸易仲裁的基本依据。发达国家的标准体系特色鲜明，具体表现如下。

### （一）自愿性强

以美国、法国、日本等为代表的发达国家在实施标准化战略时，都倾向于标准化体系的自愿性。换言之，这些发达国家所实施的标准体系都不是强制执行的标准。发达国家的标准体系基本上划分为国家标准、团体标准和企业标准三种，标准则分为标准、技术守则、补遗、公告协议标准和事实标准等多种形式，[①]这些形式都充分体现了标准能够快速反映市场实际需求和最新技术进步的特性。

---

① 梁燕君. 发达国家标准体系的特色与启示[J]. 大众标准化，2005.

## （二）多层次明显

科学技术类的标准体系建设在西方经济发展地区和许多发达国家，都已经得到了充分的重视。尽管在建设过程中的具体表现形式有所不同，但是却不约而同地表现出明显的多层次性。比如，日本的工业标准调查协会、美国的标准学会、法国的标准协会等机构作为国家授权的标准化研究机构都建立了多个层次的技术法规标准体系。其中，美国既有政府的多个部分和上百个独立机构制定的技术标准体系，还有地方政府参与的具有本地差异性的技术法规标准；欧盟方面则在环保、安全和健康等方面主导管理，而完成基本要求之后的具体技术规范则是以标准体系的方式出现。另外，发达国家标准化体系的多层次性还体现在了国家内部多产业实施的技术标准之间的认可和引用。比如，日本的工业标准就在高压气体、劳动安全、食品安全等方面管理工作中引用，制定出相应的法律法规；美国的机械工程师学会所建立的标准也被美国联邦政府和部分州政府使用，引入其地方管理的法律条文中。

## （三）民间主导性强

目前，在美国和西方一些发达国家已经实施的应对经济全球一体化发展的标准管理体制中，突出表现了一种"民间主导性"。这是因为这些国家和地区所建立标准化体系的机构为政府授权和委托的民间标准化机构，并由该机构进行全面统一的管理。此时，政府负责的主要是对标准制定和管理工作给予财政方面的支持和全方位的监督管理工作。比如美国国家标准学会就是负责该国的自愿性标准体系的构建和实施的民间组织机构。另外，作为国家内部实施标准化管理的主要机构，还能够代表该国家参与国际标准化管理的相关活动。这些机构部门享有充分的自由来完成标准体系的制定工作，能够严格地执行标准化工作流程和标准管理模式。与此同时，这些标准化机构起草的国家标准往往会由政府委托给行业协会或者专业研究机构来进行具体的研究工作。这也充分体现了发达国家标准化管理工作的民间主导性。

## （四）检验检测技术十分先进

对于标准化工作而言，不仅要对测试和认证的基础设施提出严格的要求，还要保证其检验检测技术的合格有效。这是因为该技术是评定标准化管理工作是否合格的技术方面的重要支撑。美国和欧洲一些发达国家在标准化管理工作中就非常重视检验检测技术的管理，不仅充分重视检验检测机构，还对其是否科学合理、技术设备与技术手段之间是否匹配格外关注。此外在人力方面，发达国家的检验检测机构的工作人员的业务水平也很高，更有一些人员还会直接负责或参加有关标准的制定和审核。在涉及安全、健康、环保等公共领域的标准的检验检测时，发达国家的做法已经呈现出越来越严格的趋势。

（五）市场化原则

遵循市场化原则是发达国家在制定标准和建立标准体系时的普遍做法，基本形成了政府监督，授权机构负责，专业机构起草，全社会征求意见的标准化工作运行机制，政府、企业、消费者各方面的需求和利益都能够在这种运行机制下得到最大限度的满足，遵循市场化原则最大的好处和价值就是提高标准制定的高效率、公正性、透明度。

（六）多渠道的经费来源

我们都知道美国和欧洲一些发达国家的标准化工作突出表现出了民间性，所以，在这些地区的标准化管理工作是属于社会公益项目的，其经费来源渠道非常多。其中，除了国家政府提供了国家标准化战略项目的财政拨款外，实施标准化管理工作所需要的经费来源还包括标准活动经费申请拨款、专项资金支持等方式。最重要的一点是在这些国家和地区已经将市场机制引入到了标准管理机制中，投资方即是标准化活动实施之后的受益方，以此来进行经费筹集的重要渠道。

（七）标准实施的保障体系更加完善

经过上述的分析研究，我们不难发现在标准化研究比较先进的国家和地区，其标准实施的相应的保障体系也十分完善。这个标准实施的保障体系具体涉及相应的法律体系、市场准入资格评定和标准合格评定的三个相互关联的环节。只有符合行业标准体系法律法规要求的企业才能够获得审核合格进入市场，一旦出现了违规行为则失去了准入市场资格，甚至危及企业生存与发展。主要由政府负责这一保障体系的实施和监管。

## 二、发达国家标准体系及标准化战略对中国的启示

### （一）发达国家的标准体系对中国的启示

基于上述分析，我们可以发现发达国家的标准体系多以市场原则为主导，并强调自愿性实施的原则。这对我国的标准体系建立和实施工作提供了不少值得借鉴的方式。

首先，发达国家这种突出强调市场的重要性和引导作用，是对于参与市场活动的企业的一种重视，强调其为标准体系实施的主体。企业作为这种标准体系的主体，充分体现了标准体系的生产属性和艺术属性，使标准与科技进步实现了协调性发展。

其次，发达国家政府在标准化管理活动中充当的是监督管理的角色，而经过政府授权和委托的非政府标准化研究机构成为该工作的主要负责人，行业协会成为标准体系的起草和研究工作的主要负责方。在这种充分体现了标准化管理工作自愿性、民间性的管理机制中，政府给予了标准化管理的"自由"，又通过一系列的管理程度和监管制度保障了标准化管理的"科学"。这一广泛参与、协调一致、公正透明的标准制定过程使发达国家的标准化团体能够以最大限度满足各方面的利益和需求。不仅如此，政府对标准化工作的重视程度和财政支持力度与国家经济、地区经济发展之间也存在着正向促进的关系。

再次，发达国家的标准化管理工作在具体运行方面也建立了十分健全的运行机制。在标准体系草案评估环节，本着公平、公开、均衡、协调原则选择具有投票资格的单位，标准的制定按照统一公正的科学程序进行，政府一般不领导或干涉。为满足健全机制的需要，通常要求在标准发布35年后进行再次审查评估，根据评审结果来判断该标准是否需要再次修订或者直接进行废止处理。

最后，在研究发达国家标准体系构建和管理情况时，我们发现这些国家往往会积极争取对某一领域标准的发言权，以此来获得对国际层面标准的制定权。一旦获得该权力，这个国家原本国家标准便升级定位为国际标准了。换言之，这个国家已经获得了这一领域内对技术的领导控制权，这也是其标准化战略实施的主要途径。以提高国际标准的被采纳率的方式来不断追求国际标准控制权的过程中，发达国家将不断提高标准研究水平，也提高了本国科技发展水平，进而又具备

了提升产业标准的条件和能力。在这些高新科技产业里，具有国际标准控制权的国家将会源源不断地获得新的知识产权，将会拥有越来越多的科技成果专利。

（二）发达国家标准化战略对中国的启示

1. 确立标准化在国家经济发展中的重要战略地位

从美国、欧盟等发达地区和国家的情况来看，经济越发达的地区标准化的战略地位越凸显。虽然我国目前的经济社会发展在地区之间仍然存在很大的不平衡，但是提出标准化战略覆盖全国仍然是十分必要的。经过改革开放几十年的发展，我国那些经济发达地区对标准化在产业发展和国际竞争中的重要性已经有了深刻的认识，要把握未来国际经济竞争优势，以经济发达地区为带动，在中国的优势领域进行具有前瞻性和预见性的规划，是争夺国际标准话语权，应对国际标准化挑战的重要策略。此外，从国家层面提出标准化战略有利于更多社会资源的调动，在全国各地形成不同层面、不同领域、不同地区标准化工作的特点，最后发展出一个能够带动全国经济发展的整体优势。

2. 加大政府的扶持力度

发展中国家在实施标准化战略过程中具备一定的后发优势，我们应发挥政府集中调配资源的优势，加大政府对标准化工作的引导和扶持力度，实现跨越式追赶发达国家的目标。借鉴发达国家实施标准化战略的经验，我国的《中华人民共和国标准化法》是标准化工作的基本指导，要及时修订修改以使得法规政策与现行标准配套，使中国标准化的政策体系在不断发展中得到完善。此外政府要加大资金支持，对企业标准研制、国内国际标准化活动、技术性贸易措施研究和标准化人才培养等尽可能地提供政策支持和经费资助。建立标准化的创新激励机制也是必不可少的，提高标准的整体水平。

3. 建立以自愿性标准为主体的标准体制

发达国家标准化工作的先进经验让我们看到了自愿性标准的活力和生命力，国家只需要在涉及安全、健康、环保等公共领域的标准方面发挥主体作用，在市场竞争和产业创新领域要使企业成为标准化工作的主体，鼓励民间团体积极参与，这样才能使标准化工作充满活力。不同于西方发达国家，我国仍以政府为主进行标准化管理工作，对于民间的自愿性标准没有给予充分的重视和法律上的全面认可。所以，各种社会资源都没有在标准化战略构建过程中发挥作用。因此我们要尽快建立起以自愿性标准为主体的标准体制，强化企业的主体地位，鼓励企业建立科研与标准相结合的机制，并通过立法给予其法律保护，为其在自身研究领域内获得更多的参与国际标准构建活动。经过不断的改进和完善，这些企业将会凭借自身优势在本行业内部争取更多的修订、构建国际标准的主动权和控制权。

4. 加强标准化技术服务体系建设

在发达国家，标准化工作并不是某单一机构或部门的工作任务，也不是一个独立的工作任务。某一标准体系能够建成并成功运行往往依赖于发达的标准技术服务机构的存在。换言之。标准的概念孵化、体系制定、内容检测和科学认证是一个完整的工作流程。在推动这个流程顺利完成的过程中，需要组织配套的标准化技术服务体系的支持。当政府致力于推动某一领域标准体系构建和标准化水平不断提升的同时，该标准化技术服务体系也就出现了。

近几年，该产业也发展得风生水起。这方面我国因为技术发展滞后，所以技术服务也起步较晚，还是比较落后的。导致这一问题的因素主要有两个方面：其一是我国负责制定标准和执行标准的企业自身的生产技术整体实力较弱；其二是我国标准的研制、检测、认证还难以形成整体优势，标准化技术服务体系还处于互相分裂的状态。所以，面对现阶段实施的标准化战略所需要的就是要提高标准化服务相关企业、机构的服务水平，整合行业内部的优势资源，构建公共服务平台和检测认证体系，最终形成一条龙的标准化服务体系。

5. 加快标准化骨干队伍的建设

在标准化研究领域，以美国和欧洲各个国家为代表的发达国家对高质量的人才需求和培养特别重视。在这些国家的高等教育系统里已经将专业人才培养和岗位技能培训相结合，实施分类别分岗位的标准化教育体系。面向政府和企业所需要的标准化用人岗位，提供了大量经过专业技能培训的优秀人才。反观我国的标准化专业人才培养尚属起步阶段，专业人才的制约成为标准化战略实施的阻碍。由此可见，加快标准化专业人才培养是目前我国标准化战略管理的重要举措。

6. 在全社会范围内普及标准化意识

标准化战略的有效实施需要全社会的共同参与，要想使标准化工作顺利进行下去，就要在全社会范围内提高对标准化战略重要性的认识。学习发达国家的成功经验，制订标准化全民宣传计划，通过举办标准化论坛、座谈会、研讨会等途径来提高政府和企业相关部门工作人员的标准化意识，也能达到面向全社会有效推广标准化战略宣传的作用，从而提高全社会的关注和对标准化工作的支持。

**二、我国标准化体系所面临的问题**

随着与世界其他国家的经济往来的不断深入，我们已经深刻认识到标准对于国家发展的重要性。我国的标准化体系还需要不断地完善才能缩小与发达国家的差距。在与美国、日本、德国等发达国家进行比较后，我们认识到了中国的标准体系所面临的问题。

首先，标准化作为技术基础，已经成为国家参与国际竞争的重要手段。发达国家在实施标准化战略的过程中，以技术专利化带动行业发展，并实现技术标准化，又以技术标准化促进国家标准全球化，最终实现以本国技术优势和标准领先来占领国际市场竞争优势，给中国的国际竞争设置了重重障碍。这对我国的标准化工作提出了一个非常高的要求。

其次，作为出口大国，我国始终没有达到出口贸易的优势地位。这主要是因为我国缺乏核心技术和优质品牌，国际市场竞争力较弱。想要扭转这一局面，我们必须要重视标准化研究和产品技术创新，实现核心技术成果转化。

除此之外，我们还应积极完善并简化标准管理与运作流程，将标准的制定与修订环节做到公开透明。目前，我国的标准化制定环节还比较复杂，面向社会公开度不够，相关行政部门之间的沟通协调工作还比较缺乏，一些国家标准和强制性行业标准没有及时通报给WTO。另外，我们对WTO其他成员国通报的研究、协议和预警还没有建立起一个快速反应的机制，反应慢、评议不充分，无法及时反映出我国相关产业的意见和利益诉求。

最后，目前我国国家的经济管理体制和经济运行机制正处于历史性的转变过程中，中国经济在世界经济全球化的大格局中还处于艰难的融入时期，作为生产力的重要组成部分，标准化体系面对这种局面应该怎么应对、怎么转变、怎么发展，如何更好地服务于经济建设和社会发展，这是一个机遇，更是一个挑战。

# 第六章

# 当前国际标准体系发展趋势

# 第一节 国际标准化发展趋势

标准化在发达国家普遍受到了高度重视，世界各国都想在国际标准化活动中占据一席之地。放眼当今世界，经济全球一体化发展趋势下总体经济增长速度持续走低。为获得国际市场竞争优势，越来越多的发达国家实施了标准化战略，以标准控制市场的主动权。标准化战略逐渐与外交、政治、援助等手段结合在一起，确保自身经济利益和地位已经成为发达国家的普遍做法。

当前国际标准化的一大发展趋势是国际标准开始不断地从贸易、技术等传统领域向社会领域扩展，比如国际标准化组织（ISO）在近年来就先后制定了社会责任、组织治理、政府效能等领域的国际标准，这些标准对世界各国的政治经济和社会的发展都产生了重大且深远的影响。面对这种趋势，我国对社会领域内的国际标准化拓展十分重视。中国政府的22个部委联合参与制定了社会责任标准，审计署主导制定了审计管理的国际标准，这些行为都表现出中国政府对社会领域标准化的重视。

对于新兴产业的发展，国际标准也表现出了高度关注的趋势。ISO、IEC 和 ITU 三大国际标准组织共同确定了2018年世界标准日的主题为"国际标准与第四次工业革命"。ISO 成立了智能制造战略组，IEC 成立了智能制造评估组，还有ISO 和IEC 联合成立的智能制造路线图特别工作组。科技革命和产业变革相关领域的标准化体现出了第四次工业革命时期的全球化发展方向。

# 第二节 我国当前参与国际标准体系活动现状

## 一、中国当前参加国际标准化活动的总体情况

改革开放四十多年，我国的经济发展迅猛，社会变化也日新月异，随着产业结构的调整和产业升级，我国实施的标准化战略初见成效，在国际上的影响力也有所提升。近年来，我国积极参与的国际标准化活动也日渐增多，在很多国际标准化组织中担任的重要领导职务也越来越多。这都说明了我国的标准化战略水平已经达到了一个新的高度，中国在国际标准化活动中的地位也已经发生了明显变化。

目前，世界各国之间的经济竞争就是科技实力的竞争，也是一个国家标准化能力和水平的体现。参与国际标准化活动又恰好说明了我国标准化水平和实力的高低。最近几年，我国在多个科技领域取得了世界瞩目的成绩，科技发展势头迅猛，大有打破发达国家长期的垄断局面的趋势。这充分说明了我国近年来实施标准化战略的正确之处，也有效地反映了我国经济水平和科技发展的进步趋势。但是由于我国标准化地工作起步较晚，所以目前所实施的标准化战略仍有待完善。

## 二、我国参与国际标准化活动的成绩

### （一）我国国际标准化活动地位显著提升

近年来，我国先后成为 ISO 和 IEC 的常任理事国以及 ISO 技术管理局的常任成员，2018 年华能集团董事长舒印彪当选 IEC 主席，我国专家赵厚麟现任 ITU 的秘书长，中国专家相继成为国际三大标准化组织的最高领导职务。2019 年，我国承办了第 83 届 IEC 大会。

### （二）我国在国际标准化活动中的盟友不断增加

我国先后与 9 个国家、地区签署了 11 份合作文件，与涵盖了美洲、欧洲、亚洲、大洋洲等主要贸易伙伴的 49 个国家和地区标准化机构签署了 85 份合作协议；通过与欧盟、东北亚、南亚等地区和美、俄、英、法、德等国家建立的双多边合作机制，推动了智慧城市、电动汽车、智能制造、石墨烯、农业食品、铁路、老年经济等专业领域的国际合作，在首届"一带一路"国际合作高峰论坛上，我国与俄罗斯、哈萨克斯坦、希腊等 12 个沿线国家共同签署《关于加强标准合作，共建"一带一路"联合倡议》。

### （三）我国积极主导国际标准制定修订

在国际标准化活动中，我国在冶金、能源、有色、材料、轻工、纺织、船舶、海洋、信息技术、机械装备、生物技术、节能环保、电力电子、公共服务和社会管理等多个领域参与和主导了一系列国际标准制定修订工作。近两年，中国在提交 ISO/IEC 并立项的国际标准项目 200 余项，连续多年成为国际标准提案最多的国家之一。

### （四）中国标准在国际上的应用推广

近年来，我国的标准在国际上有了更大范围的应用和推广。我国与英国、法国的国家标准化机构共同发布了中英、中法标准互认清单，实现了60余项标准的互认；我国正在推动与俄罗斯完成445项宽体客机标准（含209项俄罗斯标准，236项中国标准）的互换工作；塔吉克斯坦采纳了14项中国标准；在食品、能源领域有39项中国标准被蒙古国以双编号形式采用为国家标准；240项中国标准在土库曼斯坦获得注册认可使用；对柬埔寨、老挝等21世纪"海上丝绸之路"沿线国家开展9期农业标准化宣贯培训，近百项中国标准在东南亚国家农业标准化示范区推广使用。①

### 三、我国参与国际标准化活动的主要领域分布

从所承担的相关技术机构职务情况大概可以对中国参与国际标准化活动的主要领域有一个基本了解。中国承担的60个ISO TC/SC秘书处以及17个平行秘书处，主要分布在农业、能源、原材料、传统工业等领域，同时逐渐向先进装备制造、高新技术、新兴产业领域以及节能环保、社会治理等领域积极拓展。从产业分布来看，由于我国还不是农业强国，所以农业领域的ISO标准暂时只有6个TC是由中国承担秘书处的工作；工业领域，我国先进装备制造、高新技术、新兴产业领域标准化实力大幅度提升，说明了中国除了在传统领域保持优势以外，近年来在制造业领域的优势也在不断加强；在服务业领域，我国承担了ISO/TC的232项正规教育以外的副主席及两个工作组召集人的职务。除了三大产业，中国不断拓展在节能环保与社会治理领域的国际标准化工作并且取得了相当优秀的成绩，大有后发赶超之势。在医药领域，中国承担了传统中药技术委员会秘书处的工作。此外，我国在IEC共计承担了可再生能源发电、智能电网、电动洗碗机等9个技术机构秘书处的工作，约占全部IEC技术机构的4.4%。（见表6.1）。

①毛芳，盛立新. 国际标准化发展新趋势背景下中国标准国际化的现状及路径完善[J]. 标准科学，2018.

表6.1　中国承担ISO/TC技术委员会秘书处情况

| 领域类别 | | 中国承担了秘书处工作的标准化技术委员会 |
|---|---|---|
| 农业 | | 茶叶、烟草、竹藤、肉禽鱼蛋及其制品、谷类和豆类、蜂产品 |
| 能源 | | 天然气、沼气、煤层气、核能反应堆技术 |
| 原材料 | | 铜及铜合金、铁合金、钢丝绳及线材产品、铝矿石、镁和锌、稀土、纤维与纱 |
| 工业 | 传统工业 | 螺纹、桌面及墙面钟、印刷、配盘砌体、餐具餐桌装饰性器皿、冷冻剂、压缩机、服装尺码系统、鞋类尺码系统、工业卡车可持续性、陶器玻璃器皿、内燃机、烟花爆竹、纺织、进料机械、滑轮与皮带、亚铁金属管与金属接头、轻型金属器皿、密封剂、塑料、饲料机械设备、儿童推车 |
| | 装备制造高新技术新兴产业 | 建筑施工机械、起重机、铁轨与轨道紧固件、铁路基础设施、管道运输系统、航天空间电力要求、飞行器标准大气、微束分析、船舶与海洋技术、腐蚀控制工程全生命周期、制冷和空调制冷剂、压缩机 |
| 节能与环保 | | 温室气体管理、包装与环境、二氧化碳捕获、运输与地址储存、水回用、热力性能、可持续性与耐久性 |
| 社会治理 | | 审计数据采集、质量体系、品牌评估、商业、工业和行政管理方面的过程、数据要素和文件、统计方法——统计及相关技术在实施中的应用 |
| 医药 | | 传统中药 |
| 其他 | | 使用泡沫和粉末介质的消防系统、语言及术语、技术产品文件 |

# 第三节　当前我国标准化工作的重点

为了更快地适应经济全球化日益深入的需求和更好地参与世界产业市场竞争，我国目前实施的标准化战略是以满足国家产业总体发展为总目标的。同时，我国标准化工作还要考虑自身的经济发展特点和国际发展的方向来制定具体的标准化发展战略。所以，我国的标准化战略是以科学发展观为指导的，为了提高整体标准化发展水平，为了增强我国标准体系的适应能力和创新能力，将工作重心放在补充标准化工作流程和完善标准化管理机制方面上，以达到以标准化战略促进经济水平提升、科技能力创新和社会进步的目标，为我国全面实现具有中国特色的可持续发展的宏伟目标打下坚实基础。

## 一、当前中国标准化工作的指导思想

### （一）通过提高国内标准的整体水平来增强国际竞争力

无论是提高国内标准的整体水平还是提高在国际市场上的竞争力都是一个艰难的任务。标准的整体水平和国际竞争力是有着密切关系的两个元素，只有当我国整体的标准水平提高了，我国的标准才能在国际市场上具有竞争力。所以，我国实施标准化战略的最终目的就是要提高国际产业市场竞争力。但是，目前我国制定的标准与国际水平还有一定差距，并没有得到国际上的充分认可。在我国目前的国际贸易实施的标准中，仍存在大量的国内销售与出口国外两套检验方法和检验标准。

面对这种情况，将高水平的生产标准在实际的生产活动中大量推广实施，是目前首选的解决之道。这也就要求我们各行各业以提高整体标准水平为发展目标。第一，结合不同产业发展的基础和实际情况，有的放矢地突出建设重点，在完善现有标准体系的基础上制订完备的标准编制计划，分重点地、循序渐进地完成产业标准修订工作。其中，对于目前发展较好、水平较高的产业标准需要加快整合修订完善进度，反之标准水平较弱的产业也可以考虑更换、更新管理方法和技术要求。

第二，发展产业标准时必须因地制宜，结合区域特色完善整合标准体系。在标准中加入先进的生产理念、创新的技术方法和优秀的管理举措，以点带面，达到提高该产业国家标准水平。

最后，结合我国具有优势的产业发展特色，在诸如互联网、新能源等领域一些技术已经达到了国际先进水平，因此要加大标准与技术的匹配程度，积极推广科技成果转化，抢占优势产业的国际标准话语权。

（二）拓宽标准的适用范围

在完善标准化体系的过程中，我们要时刻注意质量和数量的问题，不可以顾此失彼。所谓的标准的质量代表着技术的水平，但是也并非意味着生产技术水平越高越好，要符合本地区生产力的发展阶段和市场对产品的实际生产需要。过高的标准往往不能提升生产力水平，反而会阻碍产业的良性发展。由此可见，拓宽标准的适应范围，提高其适应能力尤为重要。

（三）建立科学的标准化制定机制

良好的标准化制定机制是提升我国标准化水平的基础，也是提升我国参与国际产业竞争的前提，经济全球化要求标准体系的管理体系与运行机制必须是能够与国际接轨的和满足发展需要的。

第一，遵循国际惯例强化自愿性标准管理。从发达国家的标准管理经验来看，自愿性标准的灵活性更好，也更具开放性和适应性。自愿性标准制定的主体是企业和民间组织，其出发点是自身为了适应市场竞争而产生的生产行为。正因如此，自愿性标准更易于调动行业的参与性，也更易于推广普及。我国的标准化管理改革必须从强化自愿性标准开始，以此为基础进行标准化制定机制的转变，积极加强产业标准的适应能力和创新性。

第二，逐步建立"政府、企业、中介、社会"四位一体的标准化工作机制。首先，要坚持政府的宏观管理地位和权威引导作用。政府是国家标准化战略实施的主要负责人、决策者，也是肩负着国家标准制定的主要管理和监督职责，要以政府为主体进行制定和推广，政府是国家贸易、技术、产业、标准化和知识产权政策的协调者，是事实标准特别是自愿性标准制定的指导者。其次，坚持企业作为标准化工作的制定者和实施者的重要地位，标准化管理体制的真正完善必须建立在企业真正成为标准化活动的主体的基础之上。作为标准制定的主体，企业要充分利用各种资源和技术优势提高标准的制定能力，在标准制定、知识创新和技术改进相融合的基础上，积极探索联盟制的标准体系制定机制。企业不仅要结合自身发展战略的定位，还要着眼于行业发展趋势和国际产业竞争动态。积极参与国际标准化互动，发挥自身主体地位，提高企业标准化研究水平的同时增强我国标准化水平。

第三，坚持中介机构对标准化服务的作用，提高其为政府和企业服务的水平。目前，我国标准化管理能力仍然比较薄弱，专业化的服务中介机构数量有限，其服务能力也一般，无法满足企业日益提升对标准体系及标准化管理的需求。因此，我国在实施标准化战略的过程中，必须积极推动标准化服务中介机构的建设工作，按照国际标准化服务水平的要求，提供全方位的标准认证、检测的服务项目。通过标准化服务中介机构的建设，能够有效地支撑我国标准化战略的有效实施。

第四，坚持向全社会推广，营造全社会追求标准化管理的良好氛围。社会参与是我国实施标准化战略的有力支撑和坚实基础，加大标准化知识宣传，提高全民标准化意识，扩大标准化社会影响力，推进标准化战略实施工作的有序进行。

## 二、我国标准化工作的重点

习近平总书记对推行标准化战略做出了重要的要求和指示，党中央国务院将标准化战略作为我国标准化工作的重要指向，我国市场监管总局也制定方案明确要求抓好标准化战略，可见标准化战略的实施在当前发展阶段处于多么重要的位置上，中国工程院在总局（标准委）的委托下开展了"中国标准 2035"项目。该项目根据国务院颁布的《深化标准化工作改革方案》的指导和要求，提出了要构建一个以政府和市场相协调为主导的新型标准体系构建模式。这一新型的标准体系构建模式是将政府、企业、社会三方联动组建一个共同推进的标准化管理机制，力求将"标准"作为我国产品质量的硬性的制约条件，利用"标准"推动新的市场格局的形成。

我国标准化改革分为三个阶段，目前正处于标准化改革的第一个阶段，这一阶段的主要工作内容主要从四个方面进行推进。一是对强制性标准持续进行精简整合，在公共安全和公共利益等公共领域内坚守标准底线，让人民群众能够在吃穿住行等方面真正地放心下来；二是为了提高工作效率，根据实际工作需要简化标准体系的制定流程和修订步骤，将现有的标准周期从36个月缩短到24个月以内；三是要进一步严格限制政府在标准评审过程中的权力和责任，为政府与市场相协调的主导模式留出发展的空间；四是要制定并实施积极有效的激励办法，促进市场主体能够主动地参与到行业标准体系构建工作中去，以达到提高产品质量和产业素质的目的，进而才能够提高我国在国际产业市场中的竞争力量。

此外，要抓紧落实"标准化+"。"标准化+"就是要在社会各个领域、各个层级开展标准化工作，让标准融入社会的每个角落，在全国范围内实现标准化与科技创新、产业发展、社会治理等的融合发展。目前，我们已经在"标准化+"改革项目中取得了一定的成绩，在制造业、农业、生态文明保护、社会公共服务等领域形成了"标准化+"工作新模式。在未来的改革活动中，还继续在各个地方、行业和多类型企业中积极推进"标准化+"模式，创新十个标准化的国际新型城市，培育五十个标准化的先导业态，推出一千个标准化生产经营的企业领跑者。不仅如此，我国还要致力于将"标准化+"在重点领域与产业生产密切结合，形成全生产线、全生产要素、全领域的完备标准体系，有效提升包括农业、钢铁产业、水泥产业、化工产业等质量安全标准，并进一步加速旅游服务产业、物流产业、家政养老服务产业等新的标准体系的构建，全方位实现经济质量收益水平。要在新业态升级、新技术发展、新模式改造等方面实现"标准化+"的能动化发展，使产品创新、技术创新、工艺创新和材料创新后的质量标准、工作标准、管理标准、技术标准等能够及时出台，推动研发和标准的同步发展，实现标准引领产业发展、产业促进标准提升的良性循环模式。

除了上述工作内容以外，我国目前的标准化工作的重点还包括积极加强国际标准制定的主导力度、加快标准互认的推进和推进标准的联通共建，最终实现提升标准国际化水平的目标。

### 三、中国实施标准化的主要措施

#### （一）实施标准化战略引领工程

##### 1. 出台标准化战略实施纲要

由于我国各地经济发展水平的不均衡，各地需要根据自身实际的经济发展状况和产业分布特点制订符合实际的标准化工作计划。以全国性标准化战略实施纲要作为指导标准化工作的纲领性文件，经济发达地区的政府要因地制宜地制定适用于本地的标准化政策和工作规划，出台激励政策鼓励更多的企业参与标准的制定和修订工作，将标准化上升到战略层面；经济相对落后的地方政府在标准化的实施过程中要推进自身重点，以提升经济和产业的发展水平。

##### 2. 完善标准化法律体系

以我国标准化战略发展为目的，不断健全和修订现行的《中华人民共和国标准化法》及其相应的政策规范。根据《中华人民共和国标准化法》的规定，我国的标准化体系采用了强制性和自愿性两个标准，并在标准中出现的法律法规、技术标准、合格评定的基本流程进行学习，以便担任其监管责任来实施标准化管理的最核心作用。考虑到未来我国标准体系日后必然参与到国际标准产业竞争中去，对于国际化标准与我国国家标准、行业标准、企业自用标准之间的突出问题必须予以解决和不断完善处理，形成完善的标准化法律体系。

### 3. 形成政府充分利用标准的政策环境

无论是中央政府还是地方政府，在制定发展战略、规划以及政策时，如涉及技术内容，就应该充分地利用标准的约束作用，以标准为重要的度量工具来制定战略、规划、政策等。在政策实施的过程中，我们也要坚持发挥标准的工具作用，要根据国家标准实施开展政府经济活动，以此体现标准对技术发展的支撑作用。

### 4. 推广鼓励企业参与标准化活动的有效政策

为了切实有效地鼓励企业参与国家政府、行业协会或国际化的标准建设活动，政府应积极推广鼓励企业参与标准化活动的有效政策，使企业能够占据标准化活动的主体地位，发挥主体优势推动标准化工作的良性发展。这类有效政策包括税收方面的优惠、海关通关的便捷服务、简化市场准入的手续等，以达到鼓励企业真正地参与到国家标准化战略实施活动中去，树立特色的企业形象参与到国际产业竞争中去。

### 5. 为提高标准的竞争力提供资金保障

借鉴发达国家的先进经验，国家财政给予标准化工作持久稳定的保障。在国家标准化战略实施过程中，国家的财政支持主要用于基础建设、安全保障、公益环保、人民健康、技术支撑等多方面的标准体系研究和构建工作。除此之外，在国际产业市场中，我国主导推动的国际标准项目也应获得政府财政方面的支持。目前，我国可以通过多方筹资机制、标准销代机制、标准合格评定收益反馈机制等方式来进行筹集用于标准修订工作的经费。另外，也可以参照发达国家的经费管理办法，以"出资者受益"的原则由标准化工作主导者负责筹资，完成符合市场需求的产业标准来。通过上述种种途径，形成国家对标准投入的稳定增长机制。

### （二）实施标准化水平提升工程

### 1. 建立动态评估机制

为提高我国标准化工作的水平和质量，标准体系的评估机制的出台至关重要。在国家层面上组建标准化评估机构，担负起对中国标准化发展的情况进行科学评估的工作，能够在标准的实用性方面以及国家标准与国际标准的一致性程度进行精确的评估。与此同时，这个评估机制还能够对中国重要行业的标准法发展趋势进行有效预测，定期向全国发布中国标准化的发展情况和取得的成绩。能够为我国的标准化战略提供非常有价值的参考。

2. 提高标准的整体水平

提高标准的整体水平是我国标准化战略的重要内容。我们要有计划、有步骤地按照产业结构调整要求对重点产业进行标准的制定和修订工作，以科学、有效、合理的方法来解决个别产业的行业标准缺失、技术标准老化、管理标准周期过程、多项标准受制于人等现实问题，以达到逐步完善、健全我国标准化体系的目的。同时要逐步缩小国内标准与国外标准之间的差距，加大采用国际标准和国外先进标准力度，更要加强自主创新标准的研制力度，尤其是要加强高新技术领域内的核心技术向标准的转化，提高国内标准的整体水平，在国际标准化竞争中取得优势。

3. 建立标准与科研的衔接机制

完善标准研制与科学研发之间的衔接机制，为标准化主管部门和科研部门打造一条畅通无阻的渠道，科技研发要与标准研制统一步调，为科技成果转化为标准打造快速通道也是必不可少的。与此同时，对那些相对优势较大、能够实现局部跨越领域的国家科研项目，政府要挑选出先进的技术成果，并在资金和政策上都给予足够的支持，尽快实现具有创新性的标准化工作成果。先进的科学技术成果能够实现有效的转化，能对我国产业升级产生有效的促进作用，也是加快国家行业标准构建的有力支撑。这样的改革措施能够切实帮助产业主体升级，发挥其标准化竞争作用，提高参与国际市场竞争的实力。

4. 创新标准化工作机制

企业往往是最先察觉产业发展的导向和技术变化的趋势，它对标准的反应敏锐、需求强烈，因此在标准研制工作中重视发挥企业的主体作用，在制定标准方面，企业能够以最专业的视角进行切入，同时企业也是最有资格对标准的实用性做出评价的主体。所以我们在推进标准化工作机制的创新时，必须要扩大企业在标准化活动中的参与面和参与度，尤其是高新科技领域的标准化应用，是可以通过鼓励企业的自主研发、自主创新来以"事实标准"获得行业标准体系建设的主动权和制高点的。

（三）积极开展国际化标准突破战略

我国标准化发展的未来是必须要站在国际产业竞争舞台上的，也是必须要适应国际标准化竞争新模式的。因此，积极开展国际化标准突破战略是我国实施标准化战略的必经之路。

1. 构建国际化标准的跟踪监测制度

国家标准化管理部分作为国际化标准的跟踪监测制度的构建主体，将各行业各级别的标准体系作为研究对象，对照相应的国际化的标准，形成对照分析机制，寻求差距，提出我国标准化建设的工作建议。在跟踪和检测的过程中，务必做到企业的积极参与、行业标准的跟踪对比、不同单位的明确分工、多个角度的参与协调等。值得注意的是，对于发达国家的标准体系的应用，必须要结合我国发展的实际，与相应的标准形成良性动态的分析机制，以国际标准促进国内标准的发展。与此同时，国内各个专业、各个行业、各个级别的相关客体必须要建立全方位的检测和检验机构，分享所有研究成果，建立国家级别的国内外简报分析机制，实现信息的有效传达和反馈。采用这种方式，可以在政府的保障条件下，实现国内标准的发展和建设相应的指标体系。

2. 鼓励企业积极参与国际标准化竞争

在思考参与标准化管理工作的参与者时，必须要衡量标准化技术委员会的重要性。在这一阶段，我们还要考虑标准制定工作的项目考核情况。就目前的情况来看，作为考核的重要指标，重点龙头企业的领先技术制定的标准作为国际标准提案，以国家能够产业化的科研成果形成的标准作为国际标准提案，以保证制定国际标准的重点突破。鼓励产业界以事实标准、联盟标准为基础快速提出国际标准提案，鼓励科研机构、大学、民间协会特别是企业参与国际标准制定。

3. 创造参与国际标准竞争的有利条件

为积极参与国际标准化竞争，我国作为发展中国家应该积极争取对我国的政策偏向，进而有利于促进我国国际标准化事业的发展更上一个台阶。得到国家标准化战略的建设机制项目，就意味着我国在发展中国家的标准化建设已经处于领先地位。比如现有ISO、ITC、SC秘书处五年任期满后或成立新的秘书处时应优先考虑较少或没有承担秘书处并且具备能力的国家。

# 第七章
# 我国标准化法治建设

要讲标准化法治建设，首先要弄明白标准体系与法律体系之间的关系，本章我们就通过工程建设的法律体系与工程质量标准体系的关系来进行阐述。

工程建设是一项周期长、投资大、涉及公共利益、影响国计民生的事业。建设工程的社会属性和自然属性的本质特点，决定了工程质量目标的控制不仅需要行政管理，而且需要技术控制，有赖于工程质量法律体系和工程建设标准体系的共同支撑。健全和完善工程质量法律体系和工程建设标准体系，对推动建设工程质量监督管理体制的有效运行，对建设行政主管部门依法行政，对保证工程质量，对工程投资效益和社会效益的实现，都起到极大的保障和促进作用。

## 一、健全和完善工程质量法律体系

### （一）加强立法工作，提高立法水平

要从源头上解决工程建设领域突出问题，必须从完善工程质量法律体系的制度层面进行综合治理。按照《中华人民共和国立法法》《行政法规制定程序条例》《规章制定程序条例》等立法原则和程序，抓住重要领域和关键环节，认真查找制度上的漏洞，把实际管理中行之有效的做法和经验转化为法律制度，及时对法律、法规和规章进行修订和完善，使各项制度管得住、行得通、有实效。

### （二）加强规范性文件的编制和管理工作

数量庞大的政府及其建设行政主管部门编制的规范性文件是执行法律、法规、规章的"操作规程"，是对建设工程质量法律、法规、规章的细化与补充。行政机关的行政行为都是直接根据行政规范性文件做出的，因而其在我国行政管理中具有非常重要的地位。加强行政规范性文件的编制和管理工作，特别是含有加重企业负担、地方保护、行业保护等方面的规范性文件要予以修改或废止，保护公民、法人和其他组织的合法权益。

## 二、健全和完善工程建设标准体系

### （一）施工质量验收标准体系

按照"验评分离、强化验收、完善手段、过程控制"的指导思想，

建设领域在原有验收标准规范的基础上，形成了现行施工质量验收标准体系。现行施工质量验收标准体系由《建筑工程施工质量验收统一标准》（GB50300—2001）统领，主要由15项专业工程施工质量验收规范组成，涵盖了单位工程的10个分部工程，在工程建设标准体系中施工质量验收标准起"基准"标准的作用。

（二）严格落实工程建设强制性标准

对工程质量的技术控制，世界上大多数国家采取的是技术法规与技术标准相结合的管理体制。但在现阶段我国要完全按照技术法规和技术标准体制管理还需要有一个法律的准备过程。2000年建设部颁布了《实施工程建设强制性标准监督规定》，以部门规章的法律形式对加强工程建设强制性标准实施的监督工作进行了明确规定。在进行工程质量监督管理和组织工程建设过程中，应将落实工程建设强制性标准提高到贯彻工程建设技术法规的高度来加以严格执行，不执行技术法规就是违法，就要受到法律的制裁。

各个建筑行业的的强制性标准条文都直接涉及人民生命财产安全、人身健康、工程安全、环境保护、能源和资源节约及其他公众利益，且必须执行的技术条款。比如2010年，《中华人民共和国工程建设标准强制性条文：水利工程部分(2010年版)》的发布与实施是水利部贯彻落实国务院《建设工程质量管理条例》的重要措施，是水利工程建设全过程中的强制性技术规定，是参与水利工程建设活动各方必须执行的强制性技术要求，也是政府对工程建设强制性标准实施监督的技术依据。

2019年，一大批新的建筑工程标准开始实施，如《塔式起重机混凝土基础工程技术标准》《外墙外保温工程技术标准》《地源热泵系统工程勘察标准》等行业标准，新的行业标准实施之日起，旧的行业标准同时废除；又如《通信设备安装工程抗震设计标准》《通信高压直流电源系统工程验收标准》《钴冶炼厂工艺设计标准》等国家标准。新的标准化条文设计到基本建设工程领域的各类工程的勘察、规划、设计、施工、安装、验收等需要协调统一的事项，为我国经济发展的新阶段中的工程建设领域内获得最佳秩序，对建设工程的勘察、规划、设计、施工、安装、验收、运营维护及管理等活动和结果需要协调统一的事项所制定的共同的、重复使用的技术依据和准则，对促进技术进步，保证工程的安全、质量、环境和公众利益，实现最佳社会效益、经济效益、环境效益和最佳效率等，具有直接作用和重要意义。

### 三、工程质量法律体系与工程建设标准体系的关系

工程质量法律体系是由工程质量法律规范组成的有机整体。工程质量法律规范不仅调整建设行政主管部门与工程质量责任主体之间的行政管理关系，具有社会规范的属性，还通过国家强制力保障实施，是建设行政主管部门对工程建设进行质量监督管理的法律依据，违反法律规定必将受到法律的制裁。它在法律规定的质量秩序和质量关系框架下进一步规范工程质量责任主体的质量行为，是对建设领域施工技术和管理经验的总结和概括，调整着人与物的关系，本质上是技术规范。

工程质量法律体系侧重于从宏观上对建筑市场进行规范，规范建设行政主管部门依法行政，规范工程参建单位的市场行为和工程质量行为，维护建筑市场秩序和工程质量管理秩序的建立和有效运行，确保工程质量处于受控状态。在工程建设标准体系内，国家标准中的强制性条文，具有技术法规的性质特点，不执行技术法规就是违法，将受到国家法律的制裁。所以，工程建设强制性标准将工程质量法律体系与工程建设标准体系紧密结合起来，共同维护工程建设质量管理秩序，确保工程质量安全和主要使用功能符合设计和规范的要求。

建设工程的社会属性和自然属性的本质特点，决定了工程质量目标的控制不仅需要行政管理、工程质量法律体系的保驾护航，还必须有工程建设标准体系的技术支撑。工程质量法律体系与工程建设标准体系相互协调配合，共同构建建设工程质量管理体系。我们应加强工程质量法律体系与工程建设标准体系互动。

标准化法制建设是中国特色社会主义法律体系的重要组成部分。随着我国国家法治历程的进步和标准化事业的持续发展，标准化法制建设取得了重大的成就，基本上形成了较为完备的标准化法律体系，为推进标准化事业发展提供了有力的法制保障。

# 第一节 我国标准化法治历程

1946年，国民政府制定了我国第一部《中华人民共和国标准法》。中华人民共和国成立后，这一部《中华人民共和国标准法》在废除"六法全书"、全盘否定旧法律制度的历史大背景下被废弃。1949年中华人民共和国成立后，标准化法治才同其他法律制度一样重新发展起来。中华人民共和国成立至今70多年来，标准化法治建设大致经历以下几个阶段的历程。

20世纪50年代是我国标准化法治建设的初步探索阶段，这一阶段我国标准化事业取得了一定成就。国务院于1961年4月22日通过了中华人民共和国第一份标准化规范性文件——《工农业产品和工程建设技术标准管理暂行办法》。试行一年半以后，国务院在1962年11月1日正式颁布了《工农业产品和工程建设技术标准管理办法》（以下简称《办法》）。这是中华人民共和国成立后第一部真正意义上的标准化法律。《办法》共六章二十七条，对标准适用范围、标准体系以及标准的制定和实施分别设立了相应条款做出了明确规定。对于标准，《办法》将之放在了生产建设的技术依据的地位上，要求一切生产建设都必须制定标准并将之作为技术依据。关于标准体系，《办法》分别对国家标准、部门标准和企业标准做出了规定，奠定了我国标准体系的基础。

党的十一届三中全会后，我国标准化法治建设进入了一个新的阶段。经济建设再次被置于中心地位，标准化法治同其他法律制度一起得以恢复。在这个历史背景下，为了适应经济发展，国务院于1979年7月31日颁布了《中华人民共和国标准化管理条例》（以下简称《条例》），《条例》共七章四十条，是标准化法治历程上第一次明确地规定了标准化在经济建设中的地位，突出强调了对于组织的现代化生产来说，标准化是必要手段。1962年出台的《办法》中的部分规定在《条例》中得以延续，不仅明确了在每一个层次的标准所具备的具体效力，还新增了关于产品质量的监督检验和标准化管理体制的内容，不仅赋予标准技术法规的地位，还在很大程度上强化了标准的约束力，提出严格贯彻执行标准的要求。

改革开放以后，在商品经济空前发展的背景下，我国的对外贸易交往越来越活跃，我国的标准化法治建设也步入了一个全新的发展阶段。为了适应经济发展形势，1988 年，全国人大常委会全面通过了五章二十五条的《中华人民共和国标准化法》（以下简称《标准化法》）。两年后，又颁布了该法律的具体实施条例。正是因为《中华人民共和国标准化法》和其具体的实施条例的颁布，使人们充分认识到标准的属性问题。同时，就是这一法律条文以政府的名义明确了标准的分类，即强制性标准和自愿性标准。《标准化法》中有许多新增项目，比如增加了地方标准，构建起了国家、地方、工业和企业标准的四层体系。在标准化管理体制上，《标准化法》还在标准化管理体制上做出了新的规定，确定了国家、省级、市县标准化行政主管部门及有关部门的职责，并形成了国家、行业、地方三级标准化管理体制。之后，国务院有关部门及省市自治区依据《标准化法》和《实施条例》制定了相应的标准化规章、地方法规，开始了我国标准化法律体系的完备化旅程。

党的十八大以来，我国开始了国家治理体系和治理能力现代化发展时期，标准化法治建设也迈进了一个新的历史阶段。2017 年 11 月 4 日，新《标准化法》出台标志着标准化法治建设迈上了新的台阶。新《标准化法》将标准化领域从原来的工业、服务业扩大到社会事业等领域，为发挥标准化在国家治理体系中的地位与作用提供了法律依据。新《标准化法》在原有标准体系基础上增加了团体标准，形成了政府主导与市场主体自主的协同发展、协调配套的新标准体系。新《标准化法》还明确了标准国际化的新目标，建立起了标准自我声明和监督制度、标准实施信息反馈和评估机制及国家标准公开制度。此次《标准化法》的修改充分体现了时代特色，是对标准化法治建设所面临的新挑战、新任务的积极回应。

## 第二节 我国标准化法治建设的主要成就

随着几十年不断深入的发展，使我国标准化法治建设取得了重大成就。

## 一、以《标准化法》为核心建立起了标准化法律体系

《标准化法》是调整标准化活动有关社会关系的法律规范的总称，以标准化法命名的法律和其他法律以及法规、规章关于标准化活动的规定都属于《标准化法》的覆盖范围。以《标准化法》为核心，我国标准化法律体系还包括以下内容。

### （一）特别法关于标准化活动的规定

我国有多达40余部现行法律对标准化活动进行了不同程度的规定。如《中华人民共和国环境保护法》《中华人民共和国水污染防治法》《中华人民共和国土壤污染防治法》等规定了有关环境污染防治方面的标准化行动；《中华人民共和国药品管理法》《中华人民共和国食品安全法》《中华人民共和国旅游法》《中华人民共和国安全生产法》《中华人民共和国电子商务法》《中华人民共和国农产品质量安全法》《中华人民共和国核安全法》《中华人民共和国循环经济促进法》《中华人民共和国节约能源法》等法律法规对相关行业的标准化工作也做出了规定。这些法律中有关标准化活动的条文规定都是我国标准化法律体系的重要组成部分，它们和《中华人民共和国标准化法》共同构成了我国标准化活动的特别法。

### （二）行政法规、部门规章关于标准化基本制度的规定

《标准化法》规定了标准体系的制定、公布以及标准化军民融合等基本制度。这些规定将《中华人民共和国标准化法》的原则性规定具体化为专门的法规、规章，成为具有可操作性的制度。国务院发布的《中华人民共和国标准化法实施条例》、原国家技术监督局、国家质量监督检验检疫总局（国家市场监督管理总局）制定的《国家标准制定管理办法》《采用国际标准管理办法》《行业标准制定管理办法》等部门规章，都成为《标准化法》的配套制度，和《标准化法》一起构成了我国标准化法制的基础性制度。

### （三）部门规章关于行业标准化制度的规定

行业标准在我国的标准体系中是一个涉及面极为广泛的群体，根据原国家质量技术监督局《关于规范使用国家标准和行业标准代号的通知》（质技监局标发〔1999〕193号），行业标准领域多达 57 个。

行业主管部门为了加强行业标准的管理，促进标准化管理体制的转型，纷纷制定并公布了本领域行业标准管理办法，如原交通部制定的《公路工程行业标准管理办法》、原建设部制定的《工程建设行业标准管理办法》、工业和信息化部 2009 年制定的《工业和信息化部行业标准制定管理暂行办法》、原国家新闻出版广电总局（国家广播电视总局）2013 年制定的《新闻出版行业标准化管理办法》、原国家安监总局（应急管理部）制定的《安全生产行业标准管理规定》、商务部制定的《商务领域标准化管理办法（试行）》等。这些行业主管部门制定的本领域行业标准管理办法体现了我国标准化管理体制的多层次性与严密性，同《标准化法》的内容共同构成了行业标准体系法制历程保障。

（四）地方法规、规章关于地方标准化制度的规定

《标准化法》对地方标准的制定部门做了限定。为了规范地方标准化活动，各省市自治区相关部门以规范地方标准化活动为目的，均在《标准化法》的指导下制定了相应的地方标准化法规或规章，它们作为我国标准化法律体系的重要组成部分，同《标准化法》共同构成了地方标准化制度的法律基础。

## 二、形成了较为完备的标准化法制制度

1988 年制定的《标准化法》确立了我国国家标准、地方标准、行业标准和企业标准的四级标准体系，划定了强制性标准的领域，对标准的制定、复审、采用国际标准、标准化专家技术委员会、标准备案、标准的实施、产品认证以及企业标准化、标准化管理体制等作了规定。[①]2017 年修订的《标准化法》则在此基础上做了一定的增添和删改，增加了团体标准、参与国际标准化、标准公开、企业标准自我声明公开和监督、标准实施信息反馈评估复审、标准化军民融合、标准争议协调解决机制以及标准化工作协调机制的规定，删去了关于标准备案、产品认证的规定，厘清了各类标准之间的关系，并且对标准体系做了重新构建。我国的标准化法律制度内容在新《标

---

① 文芳，陈丽辉，陈菁，等. 我国照明电器标准及体系存在的问题与完善建议[J]. 中国照明电器，2018.

准化法》发布之后得到了极大丰富，一个完备的标准化法律制度体系，一个能够适用于当前标准化工作任务的法律制度体系已经形成。

### 三、构建起了适应社会主义市场经济要求的新标准体系

我国标准化体制的初创时期，在计划经济条件下是国家组织生产的重要手段，具有强制性效力。1962 年国务院发布的《工农业产品和工程建设技术标准管理办法》中明确体现出了这种强制性的效力。1988 年颁布的《标准化法》为了在改革开放的大背景下更好地适应了商品经济发展的需要，不再将标准定位于技术法规。在 2017 年修订的《标准化法》中，缩小了强制性标准的范围，扩大了推荐性标准的范围。在这一版的《标准化法》中，强制性标准只保留强制性国家标准，其他标准类别均被划入推荐性标准范围内。至此，我国新的标准体系构建完成，内容包括强制性和推荐性国家标准及行业、地方、团体标准，其中推荐性国家标准、行业标准、地方标准均是由政府制定，采用自愿选用的原则，团体标准和企业标准则完全属于市场主体制定的标准，突显市场机制的作用，顺应社会主义市场经济的改革之势。

# 第三节 我国标准化法治建设的认知

通过前面两节对我国标准化法治建设的历程回顾和所取得的成绩的总结，关于新中国标准化法治建设可以得出以下几点结论。

### 一、促进标准化事业发展是标准化法制建设的宗旨

中华人民共和国成立后，我国标准化事业从零开始，在不断地借鉴和学习世界先进经验的过程中得到了快速的发展。从覆盖领域来看，我国的标准化工作从最早的工业、农业领域逐渐扩大到服务业和社会管理等领域，目前已经覆盖了社会生活的各个方面。

标准化法的作用是对标准化活动进行规范，是标准化工作全面开展的法律依据。在我国标准化法治历程发展历史上的每个阶段，我国的标准化立法都能适时地反映特定时期内经济发展对标准化的需要，为标准化事业的发展提供了法律保障。1962 年的《工农业产品和工程

建设技术标准管理办法》在我国重点发展工农业产品和工程建设时期反映了标准化事业起步之初的要求；1979年国务院颁布的《标准化管理条例》反映了我国在社会经济发展中环境保护问题提出的新要求；1988年的《标准化法》及其实施条例不仅覆盖了工农业产品和工程建设，还将环境保护、农业生产技术和管理技术、信息、能源、资源、交通运输等领域纳入标准化法制建设的范围内，使我国的标准化领域进一步扩大。

进入21世纪，我国标准化工作开始向服务业、社会管理和公共服务领域扩展，2012年的《社会管理和公共服务标准化"十二五"行动纲要》和2017年新修订的《标准化法》逐步构建起我国的标准化法制框架。2017年的新《标准化法》第二条第一款将标准的定义扩大到农业、工业、服务业以及社会事业等领域，实现了对社会生活的全覆盖，为发挥标准化在国家治理现代化中的作用提供了法律保障。

### 二、坚持改革发展是标准化法治建设的要求

我国标准化体制形成于计划经济时期，带有较为浓厚的计划经济色彩。这种标准化体制的基本特点是政府在标准化资源的配置中居于主导地位，不仅管理标准化工作，也享有标准制定的权力。同时，在计划经济条件下，标准化作为国家组织生产的手段之一，被赋予强制性效力。2015年，国务院印发《深化标准化工作改革方案》，标志着标准化理念的转变。该方案提出"要紧紧围绕使市场在资源配置中起决定性作用和更好发挥政府作用"。新《标准化法》将强制性标准限定在国家标准范围内，而行业标准和地方标准均为推荐性标准。另外，该法还增加规定了团体标准（第二条第二款），鼓励社会团体"协调相关市场主体共同制定满足市场和创新需要的团体标准"（第十八条），支持社会团体和企业"在重要行业、战略性新兴产业、关键共性技术等领域利用自主创新技术制定团体标准、企业标准"（第二十条），鼓励社会团体、企业"制定高于推荐性标准相关技术要求的团体标准、企业标准"（第二十一条）。新《标准化法》还废弃了企业标准备案的规定，体现了新《标准化法》标准管理体制的"重引导、轻管制"精神。新《标准化法》充分反映了新时代社会主义市场经济建设中全面深化改革的精神和要求，为发挥市场在标准资源配置上的作

用提供了法律保障。

### 三、坚持标准国际化是标准化法治建设的方向

标准国际化始终是我国标准化法治建设的方向，早在 1962 年发布的《标准管理办法》的第六条就有要求参考采用国际性技术标准的规定。1979 年的《标准化管理条例》第七条进一步提出了"对国际上通用的标准和国外的先进标准，要认真研究，积极采用"的规定。1988 年的《标准化法》第四条又再一次强调了"国家鼓励积极采用国际标准"的规定。1993 年，原国家技术监督局制定的《采用国际标准和国外先进标准管理办法》和2002 年原国家质量监督检验总局制定的《采用国际标准管理办法》，都对采用国际标准做了具体的规定。[1] 由此可见，参考采用国际标准始终都是我国标准化法治建设的总体方向，我国的标准化战略一直都充分认识到了国际标准对于提高产品质量和技术水平、参与国际市场竞争的技术支撑作用。

在坚持采用国际标准的工作原则的同时，我国的标准化战略也在不断地推进将中国标准推出去的努力。积极借鉴世界标准化的先进经验，也是我国标准化法治的一项重要制度。2015 年的《深化标准化工作改革方案》提出了"提高标准国际化水平"的目标和措施，2017 年新修订的《标准化法》也再一次为我国推进"标准国际化"提供了法律的依据。让中国标准走向世界不仅能够实现我国"标准强国"的目标，还是实现我国成为国际标准制定者和主导者的重要途径，有利于将我国高质量、高科技的产品与服务推向世界。同时，以标准化战略助力"一带一路"构建，积极参与和组织区域性标准的制定，是我国当前标准化战略的重要内容。

在我国标准化事业发展过程中，我国在国际标准化组织中的地位也处于不断上升的状态。我国于1999 年首次承办了第22 届国际标准化组织(ISO) 大会，2016 年，再次承办了第39 届国际标准化组织(ISO) 大会，在致这次大会的贺信中，习近平总书记指出："标准已成为世界'通用语言'。""中国将积极实施标准化战略，以标准助

---

①宋华琳. 当代中国技术标准法律制度的确立与演进[J]. 学习与探索，2009.

力创新发展、协调发展、绿色发展、开放发展、共享发展。中国愿同世界各国一道，深化标准合作，加强交流互鉴，共同完善国际标准体系。"①随着国家综合国力的增强，我国与国际标准化组织(ISO) 的联系越来越密切，中国在世界标准化活动中的影响也越来越大，我国标准化工作也进入了中国标准"走出去"的新的发展阶段。

我国标准化法律体系不仅包括《标准化法》，还包括众多法律关于标准化的规定和有关标准化的法规、规章，是一个十分复杂的法律体系。2017 年《标准化法》重大修订后，此前其他法律有关标准化的规定、关于标准化的行政法规、部门规章以及地方标准化法规和规章，均须依据新《标准化法》的规定进行检视并组织修订或者重新制定，新《标准化法》规定的新制度( 如企业标准自我声明公开和监督、标准化军民融合、参与标准国际化等) 也需要制定配套的规章制度。新的完善的标准化法制有待于这些法律、法规和规章的修订圆满完成。

---

①国家标准委田世宏主任率中国代表团参加第37 届国际标准化组织ISO 大会 中国将承办第39 届ISO 大会[S]. 中国标准化，2014.

# 结　语

　　进入21世纪，在经济全球一体化的今天，标准体系的构建和标准化战略实施已经成为各个国家十分关注的问题，并具有很强的理论价值和现实意义。在国际产业竞争日益激烈的事实面前，标准已经从国内企业之间、行业之间的竞争逐渐提升到国家之间参与国际贸易竞争力的比拼。所以，任何一个国家想要获得产业市场的制高点则必然要积极地推广标准化管理工作，其实质就是一种创新能力的体现，进而表现为科技创新成果转化为标准的竞争方式。

　　当前，我国的经济、社会全面发展，已经进入了关键时刻，面对国内外经济形势的新发展和新变化，我国的标准化工作也进入了战略转换的节点。在我国建设创新型国家进程中，标准体系的构建和标准化战略实施发挥着关键性的作用，是我国在国际竞争中争取话语权的重要因素。因此，本书以标准体系和标准化战略为研究对象，研究国内外标准化工作的发展程度，重点分析标准化对我国参与国际竞争的影响，并进一步围绕着中国构建标准体系和实施标准化战略的具体措施展开了积极的探索和讨论。

　　本书从标准体系的定义、结构和特征三个方面带领读者全面认识了"标准体系"，并重点剖析了标准体系的类型、特点及其具体的应用领域；从标准的数量结构、结构分类和构建类别三个角度展开了介绍；同时以标准体系的构建程度为阐述主线的，介绍了构建的基本流程、标准体系表和推广的基本策略；对标国外发达国家的标准体系研究成果，不仅分析标准体系和标准化战略在当今的国际产业竞争中的重要作用，还找出了我国标准体系与国际高水平标准管理水平之间的差距；并且研究了国际标准化发展趋势和我国当前参与国际标准体系活动的现状，并提出了我国标准化工作的重点；最后重点研究了我国标准化法治建设的问题。

　　本书关注理论前沿，结构严谨，从构建标准体系和实施标准化战略的实践需求出发，对所讨论的内容依据标准化活动运作的逻辑关系精心设计了全书的研究内容和章节。本书的各个章节环环相扣，形成了一个统一体，以帮助读者更好地掌握标准化学科的基本理论体系、主体内容和方法，从而为进一步将标准化专业知识应用于实际工作提供导引，为解决企业标准体系构建、标准化管理工作和应对国际竞争的标准化发展趋势研究等领域中的一些现实问题提供有效的思路和参考意见。

# 参考文献

[1] 陆骞. 入监教育"标准化+"体系构建及评价研究——以江苏省Z监狱为例[D]. 南京理工大学，2018.

[2] 王媛. 北京市重点镇海绵化建设标准研究[D]. 北京工业大学，2016（14）.

[3] 江荷. 我国林业非粮生物质能源原料培育标准体系构建[D]. 北京林业大学，2014（01）：69.

[4] 潘磊. 出监教育"标准化+"建设研究[D]. 苏州大学，2019.

[5] 杨肖霞. 房地产开发企业目标成本管理标准化研究[D]. 重庆大学，2017（01）：116.

[6] 王睿. 我国村镇建设标准体系的构建研究[D]. 哈尔滨工业大学，2015：73.

[7] 李彬，吴倩，张晶，等. 全球能源互联网标准体系构建的方法论[J]. 电力信息与通信技术，2017(03)：1-6.

[8] 焦帅帅. 政策工具视角下装配式建筑开发意愿影响研究[D]. 哈尔滨工业大学，2019.

[9] 程杰，韩霁昌，王欢元，等. 土地工程标准体系构建研究[J]. 标准科学，2018(10).63-68.

[10] 吴晓璐. 人防工程行业设计标准体系构建[D]. 东南大学，2013：101.

[11] 王胜杰，纪翠玲，王晓煜. 基于霍尔三维结构的气象工程建设标准体系构建研究[J]. 标准科学，2020(06).53-58

[12] 许东惠，赫运涛，王志强，等. 面向科技资源管理的科技平台标准体系研究[J]. 中国科技资源导刊，2020(02)：1-6，16.

[13] 李艳华，李冉. 我国航空应急救援标准体系构建研究[J]. 中国安全科学学报，2019(08).178-184.

[14] 陈文静，金华，李杰，等. 公安遥感监测应用标准体系研究[J]. 中国人民公安大学学报（自然科学版），2016(03).43-46.

[15] 田敏求. 我国密码标准体系研究综述[J]. 信息安全与通信保密，2018(05).94-101.

[16] 唐乾忠. 公安遥感监测技术标准体系研究[J]. 中国公共安全（学术版），2017(02)：121-125.

[17] 程苹，胡永健，王志强. 科技平台标准体系构建研究[J]. 标准科学，2012(09)：44-48.

[18] 李雯，赵淑芳，刘喜恒，等. 构建地震资料解释标准体系助推勘探高质量发展[J]. 石油工业技术监督，2019(12)：32-36.

[19] 李鹏程，王中航，黄意，等. 我国节能市场机制标准体系研究[J]. 标准科学，2020(01)：60-64.

[20] 李超，宋宁哲. 军用物资编目标准体系设计[J]. 物流技术，2019(08)：128-131.

[21] 张辰宇. 基于物联网的电梯主要部件追溯系统标准体系框架[J]. 标准科学，2018(07)：119-122，147.

[22] 麦绿波. 标准形成的方法论[J]. 标准科学，2013(11)：6-9.

[23] 花锋. 论法医学领域的标准化方法[J]. 中国法医学杂志，2016(04)：330-335.

[24] 车立新，范勇，刘芳辰，等. 琥珀标准体系研究及体系表编制[J]. 中国宝玉石，2016(05)：110-114.

[25] 石玲玲. 企业标准体系相关问题探讨[J]. 航空标准化与质量，2018(03)：13-14，28.

[26] 麦绿波. 标准体系方法论中程序模块的理论和方法[J]. 标准科学，2011(11)：13-19.

[27] 郭宁，沈方达，刘杨. 基于三维视角建立企业标准体系的探讨[J]. 中国电子科学研究院学报，2018(06).685-689.

[28] 谷岩，孙利. 我国水泥行业标准体系构建方法学研究[J]. 中国水泥，2017(05)：112-115.

[29] 冉红亮，任卫国，王玉龙，等. 武警后勤装备标准体系研究[J]. 航天标准化，2016(02)：36-40.

[30] 谭朝晖，唐微. 轨道交通装备企业设计标准体系的构建与应用[J]. 电力机车与城轨车辆，2020（04）.

[31] 纪翠玲. 气象领域强制性国家标准体系框架研究[J]. 标准科学，2020(05)：39-45.

[32] 郭宁，沈方达，刘杨. 基于三维视角建立企业标准体系的探

讨[J]. 中国电子科学研究院学报, 2018(06): 685-689.

[33] 麦绿波. 民爆行业标准体系构建的方法论实践[J]. 标准科学, 2011(12): 14-19.

[34] 贾晨星, 李胜, 周宇. 武器装备论证工作中标准体系构建[J]. 指挥控制与仿真, 2019(02): 20-23.

[35] 田思波, 樊晓旭. 自动驾驶测试场景标准体系建设的研究和思考[J]. 中国标准化, 2020(04): 87-91.

[36] 李嫚, 金志英, 叶何亮, 等. 电信行业企业信息化综合能力评估标准的构建与应用[J]. 标准科学, 2012(10): 43-48.

[37] 杨林. 农业物联网标准体系框架研究[J]. 标准科学, 2014(02): 13-16.

[38] 李文, 王秒, 白聪敏, 等. 建筑部品与构配件接口标准体系研究[J]. 施工技术, 2020(11): 12-17.

[39] 王钾, 蔡然, 牛江波. 知识产权标准体系构建原则及方法研究——以深圳市知识产权标准体系为例[J]. 中国标准化, 2019(02): 208-210.

[40] 麦绿波. 标准体系的结构关系研究[J]. 中国标准化, 2011(02): 40-43.

[41] 麦绿波. 标准体系的内涵和价值特性[J]. 国防技术基础, 2010(12): 3-7.

[42] 张守健. 工程建设标准采纳行为演化分析[J]. 土木工程学报, 2011(05): 144-148.

[43] 孙耀吾, 赵雅, 曾科. 技术标准化三螺旋结构模型与实证研究[J]. 科学学研究, 2009(05): 733-742.

[44] 程鉴冰. 最低质量标准政府规制研究[J]. 中国工业经济, 2008(02): 40-47.

[45] 刘光盛, 王红梅, 胡月明, 等. 中国土地利用工程标准体系框架构建[J]. 农业工程学报, 2015(13): 257-264.

[46] 丁晓东. 标准化的经济效果[J]. 机械工业标准化与质量, 2003(03).

[47] 李晓琴. 加入WTO与标准化[J]. 中国林业企业, 2002(02).

[48] 蔡四青. 国际技术标准化与限制技术贸易壁垒的对策[J]. 经

济问题探索, 2001(04).

[49] 文金艳. 标准联盟网络结构嵌入性对企业新产品开发绩效的影响研究[D]. 湖南大学, 2019.

[50] 李国强, 湛希, 徐启. 标准体系结构设计模型研究[J]. 中国标准化, 2018(19):5-5.

[51] 兰井志, 郑伟. 标准体系表编制的探讨——以矿业权评估标准体系为例[J]. 国土资源科技管理, 2015(01):73-76.

[52] 何凤茁. 企业基础管理的核心——标准化[J]. 现代经济信息, 2006(04):63-63.

[53] 钱毅. 档案数据库标准体系的构建[J]. 北京档案, 2007(05):26-27.

[54] 周歆华, 王志强, 胡永健, 程苹. 国家科技平台标准体系框架解析[J]. 标准科学, 2011(10):50-53.

[55] 何流. 文物保护标准体系构建的探讨[J]. 东南文化, 2013(03):16-20.

[56] 周到, 李军生. 完善农产品加工质量安全标准体系的探索[J]. 农产品加工, 2012(07):60-62.

[57] 张惠锋. 工业化建筑标准特征分析及标准体系初探[J]. 工程建设标准化, 2016(5):6-6.

[58] 张军涛. 浅谈标准体系构建研究[J]. 船舶标准化工程师, 2010(05):72-74.

[59] 本刊. GBT 13016—2018《标准体系构建原则和要求》解读[J]. 机械工业标准化与质量, 2018(10):29-34.

[60] 李丁, 靳小兵, 亚俊威. 四川省雷电防护标准体系构建研究[J]. 高原山地气象研究, 2015(02):79-82.

[61] 倪义宝. 技术创新成功标准研究的相关概念界定[J]. 科协论坛(下半月), 2009(11):67-69.

[62] 封春荣. 标准化法律制度若干问题思考[J]. 质量与标准化, 2015(09):6-9.

[63] 赵莉. 企业综合标准体系表的编制与维护[J]. 航空标准化与质量, 2014(01):12-14.

[64] 叶青. 企业标准体系表的编制原则和方法[J]. 宁波化工,

2001(02):43-47.

[65] 康仲如,李琳,窦芙萍,藏东祥.流程性钢铁企业标准化体系建设研究(一)[J].大众标准化,2010(08):6-6.

[66] 马纯良.产品标识标注规定(续3)第4讲 生产者必须标注的产品标识内容[J].工业计量,1998(06):4-4.

[67] 毛芳,盛立新.国际标准化发展新趋势背景下中国标准国际化的现状及路径完善[J].标准科学,2018(12):90-93.

[68] 梁燕君.发达国家标准体系的特色与启示[J].大众标准化,2005(05):29-31.

[69] 梁燕君.发达国家标准体系的特色及其启示[J].科协论坛,2005(08):42-43.

[70] 杨辉.发达国家标准化管理体制对我国的启示[J].机械工业标准化与质量,2005(05):11-13.

[71] 张明兰,蔡冠华.美国标准体系及其对公共管理的支撑[J].质量与标准化,2012(03):45-48.

[72] 梁燕君.发达国家标准体系的特色[J].中国质量技术监督,2004(11):2-2.

[73] 梁燕君.发达国家标准体系的特点和启示[J].农业质量标准,2006(06):50-51.

[74] 陈展展,黄丽华.德国标准化发展现状及中德标准化合作建议[J].标准科学,2018(12):13-17.

[75] 杨辉.发达国家标准化管理的特色[J].国际技术经济研究,2007(04):10-13.

[76] 孙九超.我国技术标准发展的对策和建议[J].中国标准导报,2014(09):60-62.

[77] 梁燕君.发达国家标准体系特色[J].企业技术进步,2005(11):2-2.

[78] 李文峰,刘雪涛,贾月芹.国内外标准化体系比较[J].信息技术与标准化,2007(03):49-52.

[79] 刘晓平.国外工程建设标准概况和水运工程相关技术标准特点[J].工程建设标准化,2015(08):22-23.

[80] 王金玉.国外标准化发展战略研究[J].世界标准化与质量管

理，2001(12):16-19.

[81] 穆祥纯. 聚力工程建设标准改革的理性思考[J]. 工程建设标准化，2016(12):4-4.

[82] 梁燕君. 发达国家标准体系的特色和启示[J]. 中国ISO14000认证，2006(04):2-2.

[83] 赵伟凯. 关于团体联盟标准发展模式的思考[J]. 中国标准化，2011(05):53-56.

[84] 兰井志，郑伟. 标准体系表编制的探讨——以矿业权评估标准体系为例[J]. 国土资源科技管理，2015(01):73-76.

[85] 何凤茁. 企业基础管理的核心——标准化[J]. 现代经济信息，2006(04):63-63.

[86] 王金玉. 国外标准化发展战略研究[J]. 世界标准化与质量管理，2001(12):16-19.

[87] 宋雯.IEC简史[J]. 中国标准导报，2013(07):67-68.

[88] 王金玉. 国际标准化发展战略大趋势[J]. 江苏质量，2002(7):2-2.

[89] 梁晓婷，池慧，杨国忠. 欧洲、美国、日本医疗器械标准管理及对我国的启示[J]. 中国医疗器械信息，2008(08):51-66.

[90] 南军，刘瑾. 论《标准化法》修改的历程、重大变化和作用[J]. 质量探索，2018(2):10-10.

[91] 邢造宇，杨乾.WTO视野下的我国食品安全标准解读[J]. 行政与法，2009(07):57-60.

[92] 张佩玉. 团体标准禀守初心 敦行致远[J]. 中国标准化，2018(17):7-16.

[93] 田梦实. 如何正确理解和实施推荐性标准——兼与《对推荐性标准中有关问题的理解》一文商榷[J]. 中国标准化，1994(07):11-12.

[94] 黄国光. 国家标准浅谈[J]. 丝网印刷，2009(08):41-46.

[95] 康仲如，李琳，窦芙萍，藏东祥. 流程性钢铁企业标准化体系建设研究（一）[J]. 大众标准化，2010(8):6-6.

[96] 孙锡敏. 对纺织标准几个问题演变的初探[J]. 纺织标准与质量，2014(03):7-7.

[97] 张纯义，高春山. 产品执行标准标注规定存在的问题及对策

[J]. 城市技术监督，2000(11):42-43.

　　[98] 邢造宇，杨乾.WTO 视野下的我国食品安全标准解读[J]. 行政与法，2009(07):57-60.